FORMULAIRE

A L'USAGE

DES HOPITAUX ET HOSPICES CIVILS

DE PARIS

FORMULAIRE

A L'USAGE

DES HOPITAUX ET HOSPICES CIVILS

DE PARIS

PARIS

PAUL DUPONT, IMPRIMEUR DE L'ASSISTANCE PUBLIQUE

RUE DE GRENELLE-SAINT-HONORÉ, 45.

1867

AVERTISSEMENT

Une nouvelle édition de la Pharmacopée française a été publiée en 1866 par les ordres du Gouvernement. Dès l'apparition de cet ouvrage, M. le Directeur de l'Administration générale de l'Assistance publique s'est empressé d'en mettre un exemplaire à la disposition de tous les chefs du service pharmaceutique hospitalier. La réforme de la Pharmacopée légale entraînait comme conséquence la révision du Formulaire des hôpitaux édité en 1836 ; ce travail a été exécuté par une commission médicale et administrative instituée par M. le Directeur de l'Administration. Cette commission, nommée par arrêté du 12 février 1867, approuvé le même jour par M. le Préfet de la Seine, se composait de :

MM. Blondel, inspecteur principal ;
De Cambray, chef de la division du secrétariat ;
Guérard, médecin honoraire des hôpitaux ;
Barth, médecin des hôpitaux ;
Gubler, médecin des hôpitaux ;
Bergeron, médecin des hôpitaux ;
Velpeau, chirurgien des hôpitaux ;
Cullerier, chirurgien honoraire ;
Broca, chirurgien des hôpitaux ;
Bouchardat, pharmacien honoraire des hôpitaux ;
Regnauld, pharmacien en chef des hôpitaux, Secrétaire.

Les idées qui ont guidé les auteurs du Formulaire de 1836 ont été adoptées, après discussion, par les membres de la commission. La tâche de ces derniers a donc consisté à introduire dans le recueil un certain nombre de médicaments inconnus ou inusités il y a trente ans, et à mettre les formules anciennes en harmonie avec celles que renferme le nouveau Codex. On a jugé opportun de substituer le titre général de *Formulaire* à celui de *Formulaire magistral* de la précédente édition; il importait, en effet, de donner place dans cet ouvrage à quelques médicaments officinaux fréquemment employés et dont le mode de préparation, quelquefois multiple dans le Codex, doit être parfaitement fixé et uniforme, à moins d'une indication spéciale du médecin qui les prescrit.

Le but et l'utilité du Formulaire des hôpitaux sont exposés d'une façon tellement nette et précise, par l'avertissement de l'ouvrage publié en 1836, que la commission croit ne pouvoir mieux faire que de le donner comme une sorte de préface à l'édition actuelle.

Il a paru indispensable d'ajouter à cette nouvelle édition le texte des dispositions réglementaires qui régissent le service pharmaceutique dans les hôpitaux et hospices, et qui sont comme le complément naturel du Formulaire.

Ces dispositions, auxquelles les chefs de service et les élèves, aussi bien que les agents de l'administration, peuvent avoir souvent l'occasion de recourir, ont été classées en trois catégories, qui ont pour objets principaux les fonctions et devoirs des pharmaciens et des élèves, la préparation et la distribution des médicaments, et, enfin, la comptabilité des pharmacies.

PRÉFACE

DE L'ÉDITION DE 1836

Le besoin d'un Formulaire destiné au service des hôpitaux, qui se faisait sentir depuis longtemps, s'est montré plus pressant que jamais, dans un moment où l'Administration a voulu apporter plus de régularité dans la comptabilité des pharmacies. On s'est bientôt aperçu, en s'occupant de ce sujet, que la première nécessité à satisfaire était de donner à cette comptabilité une base uniforme et simple, que l'on ne pouvait trouver que dans l'emploi d'un Formulaire unique. La rédaction de ce Formulaire était ordonnée depuis longtemps par un article du Règlement relatif au service de santé. Il existait, à la vérité, une Pharmacopée destinée aux hôpitaux, et rédigée en 1803 par l'École de Médecine; mais elle était restée à peu près inconnue et inusitée, parce que, d'une part, les formules n'en étaient pas tout à fait satisfaisantes, et, en outre, parce qu'elle avait été faite dans un esprit tout à fait opposé à celui qui anime l'Administration actuelle. Les auteurs du Formulaire de 1803 avaient voulu limiter le nombre des médicaments dont les médecins des hôpitaux pourraient faire usage, et ne laisser à leur disposition que certaines substances, choisies, disaient-ils, de manière à pouvoir suffire au traitement de toutes les maladies.

Aujourd'hui l'Administration des hôpitaux, laissant aux médecins une pleine latitude sur le choix des moyens dont ils croient devoir faire usage pour le traitement des malades qui leur sont confiés, le Formulaire ne peut plus être un catalogue restreint des médicaments qu'il leur est permis d'employer; il doit consister en une collection des formules des préparations le plus habituellement usitées. S'il devient obligatoire pour le pharmacien, toutes les fois qu'il n'y est pas dérogé par une prescription spéciale, il ne limite en rien le médecin dans son droit de modifier ou de changer tout à fait les formules qui y sont consignées ; il ne lui impose que l'obligation de faire inscrire, chaque jour, sur le cahier de visites, les prescriptions spéciales qui lui paraîtraient nécessaires. Dans les cas les plus ordinaires et les plus fréquents, le Formulaire économisera au médecin un temps précieux, en lui évitant la peine de détailler la composition de chacune des préparations pharmaceutiques qu'il jugera à propos de prescrire.

Il est cependant quelques entraves que l'Administration a cru devoir mettre à la libre prescription des médicaments ; et ces entraves ont été imposées dans l'intérêt général des malades. C'est ainsi qu'en déclarant qu'aucun médicament nouveau ne serait employé dans les hôpitaux sans une autorisation spéciale du Conseil général, elle a voulu donner aux malheureux qui viennent chercher la santé dans les salles la garantie qu'ils ne deviendraient, dans aucun cas, le sujet d'essais plus ou moins hasardeux; cet arrêté lui-même a d'ailleurs été toujours interprété de la manière la plus large; car l'on n'a refusé aux médecins aucune des préparations qui peuvent résulter d'une modification de forme ou de composition des substances portées au Codex ; et le Conseil général n'a jamais prononcé sur l'opportunité de l'introduction des nouveaux médicaments sans avoir pris l'avis d'une Commission choisie chaque année parmi les chefs du service de santé des hôpitaux.

C'est encore dans l'intérêt bien entendu des pauvres malades que quelques limites ont été mises à l'emploi des matières sucrantes. S'il a paru juste de ne refuser aucun des remèdes actifs d'où peut dépendre le salut des malades, il n'a pas paru également nécessaire de laisser pleine liberté, lorsqu'il s'est agi des matières qui ne servent qu'à rendre le médicament plus agréable, sans ajouter à ses effets. Bien que reconnaissant tout ce que l'emploi du sucre a d'agréable pour les malades, l'Administration s'est trouvée arrêtée par les limites de son propre budget, et elle s'est vue dans la nécessité de modérer une dépense utile, sans doute, mais qui n'était pas d'une indispensable nécessité, et qu'elle ne pouvait accorder sans mettre en souffrance d'autres parties plus importantes du service. Elle a posé d'ailleurs des limites assez larges qui ont été consenties par la Commission nommée chaque année dans la réunion des chefs de service des hôpitaux.

La rédaction du Formulaire des hôpitaux a été ordonnée par le Conseil général, et elle a été faite par une Commission nommée par lui et prise dans le service de santé. Ce travail aura pour résultat de donner plus de régularité et d'harmonie au service des pharmacies, de faciliter la bonne tenue de la comptabilité en posant une règle qui, à la vérité, admettra bien temporairement quelques exceptions, mais qui rendra en général les comptes plus simples et leur révision plus facile.

Le Formulaire des hôpitaux ne contient que les préparations qui par leur nature ou leur mode d'emploi doivent être faites, à mesure des besoins, dans les pharmacies particulières des établissements. Quant aux médicaments plus spécialement dits officinaux, ils sont préparés dans les laboratoires de la pharmacie centrale et d'après les formules inscrites au Codex. Il était tout à fait inutile de les reproduire ici de nouveau.

Pour que les cahiers de visite puissent être lus facilement, il est nécessaire qu'ils soient écrits correctement. Les indications imprimées, placées en tête de chaque feuille, expriment bien nettement dans quelle colonne on doit inscrire chaque ordre de médicament; mais il serait difficile que les prescriptions fussent portées en toutes lettres; il en résulterait même une confusion peu favorable à leur bonne exécution, soit par le pharmacien, soit par les élèves ou les surveillantes des salles. De là la nécessité d'employer des abréviations; mais pour éviter que chacun les fasse à sa manière, ce qui rendrait les cahiers de visites tout à fait inintelligibles pour tous autres que ceux qui les auraient écrits, on a adopté un système d'abréviation auquel chaque élève sera tenu de se conformer. Ce système est très-simple : les mots courts, comme les suivants, lin, vin, lait, miel, seront écrits en entier; pour les autres, on se contentera d'écrire la première syllabe du mot et la consonne ou la voyelle qui suit. Ainsi, *Asp.* pour Asperge, *Pav.* pour Pavot, *Bism.* pour Bismuth, *Ami.* pour Amidon.

Dans quelques cas peu nombreux où cette abréviation ne suffirait pas pour éviter toute équivoque, il faudra augmenter un peu le nombre des lettres. Ainsi: *Bareg.* pour Baréges, *Hydrom.* pour Hydromel, *Antisc.* pour antiscorbutique, *Antisp.* pour antispasmodique.

Quant aux substances vénéneuses, on les inscrira en toutes lettres, à moins que leur nom ne soit par trop long; en tout cas il en faudra écrire assez pour qu'à la lecture on ne puisse conserver aucune incertitude. Par exemple, on écrira morphine, strychnine, Protoch. merc., Deutoch. mer., A. hydrocyan., Sp. d'A. hydrocyan., Sulfure pot.

Quand le nom d'une substance se composera de deux mots, il faudra surtout faire porter l'abréviation sur la partie du nom qui est la moins significative; ainsi on écrira N. vom. et non pas Noix V.; Polyg. V., et non pas P. virg.; G. gutt. et non Gom. G.

Les abréviations adoptées pour les substances prises isolément seront employées dans la désignation des préparations pharmaceutiques dont elles sont la base. La nature du médicament sera spécifiée par une abréviation particulière, laquelle devra être placée la première. Ainsi, pour l'*Extrait de ratanhia*, on inscrira : Ext. : ratan. ; pour le *Gargarisme de chlorate de potasse*, on inscrira : Gg. chlorat : pot.

Le tableau suivant renferme les principales abréviations de ce genre.

A :	acide.	Fum :	fumigation.
Ac :	acétate.	Gg :	gargarisme.
B[u] :	bain.	H :	huile.
B[e] :	baume.	H V :	huile volatile.
C :	carbonate.	Hydroch :	hydrochlorate.
Cat :	cataplasme.	Hydriod :	hydriodate.
Cér :	cérat.	Inj :	injection.
Ch :	chlorure.	Iod :	iodure.
Coll :	collyre.	Jul :	julep.
Cyan :	cyanure.	Lav :	lavement.
Dige :	digestif.	Lin :	liniment.
E :	eau.	Lot :	lotion.
Emp :	emplâtre.	Nit :	nitrate.
Esp :	esprit.	Ong :	onguent.
Ext :	extrait.	Ox :	oxyde.
Eth :	éther.	Péd :	pediluve.
Fom :	fomentation.	Pil :	pilule.
Pom :	pommade.	Tab :	tablette.
Pot :	potion.	Tar :	tartrate.
P :	poudre.	Teint :	teinture.
S :	sel.	V :	vin.
Sp :	sirop.	Vinaig :	vinaigre.
Sul :	sulfate.		

A la fin du Formulaire se trouve un tableau des abréviations à employer pour le plus grand nombre des substances médicamenteuses dont on peut faire usage; les élèves devront s'appliquer à en saisir l'esprit; ils ne trouveront ensuite aucune difficulté à l'appliquer dans toutes les circonstances.

FORMULAIRE

A L'USAGE

DES HOPITAUX ET HOSPICES CIVILS

DE PARIS

POUDRES.

1. POUDRE DE CAMPHRE.

℞ Camphre.................................... Q. V.

Triturez le camphre, légèrement humecté d'alcool ou d'éther, dans un mortier de porcelaine.

2. POUDRE D'ERGOT DE SEIGLE.

℞ Ergot de seigle............................ Q. V.

Faites sécher à l'étuve, pulvérisez dans un mortier de fer et passez à travers un tamis de crin.

Cette poudre, dont l'altération est très-rapide, doit être préparée au moment où elle va être administrée. En conséquence, la Pharmacie centrale délivrera toujours le seigle ergoté entier.

PULPES.

3. PULPE DE CASSE.

℞ Casse .... Q. V.

Prenez l'une après l'autre, chaque gousse de casse ; appuyez l'une des sutures sur un point résistant, et frappez quelques coups secs sur la partie opposée pour ouvrir le fruit dans sa longueur. Enlevez avec une spatule la pulpe, les semences et les cloisons intérieures.

Mettez le produit recueilli dans un pot de porcelaine avec quantité suffisante d'eau, et faites digérer au bain-marie, en remuant de temps en temps, jusqu'à ce que la masse soit ramollie bien également ; alors pulpez-la sur un tamis de crin, et évaporez au bain-marie, jusqu'en consistance d'extrait mou.

4. PULPE DE CIGUE.

℞ Feuilles fraîches de grande ciguë............ Q. V.

Réduisez-les en pâte fine par contusion dans un mortier de marbre, et pulpez à travers un tamis de crin.

Préparez de la même manière les pulpes de toutes les autres feuilles ou fleurs fraîches.

5. PULPE DE TAMARINS.

℞ Pulpe brute de tamarins.................... Q. V.

Mettez la pulpe dans un pot de porcelaine, ajoutez y suffisante quantité d'eau, et faites digérer au bain-marie, en remuant de temps en temps, jusqu'à ce que la masse soit ramollie bien également ; alors pulpez-la pour en séparer les noyaux et les filaments du fruit, et évaporez au bain-marie, jusqu'en consistance d'extrait mou.

SUCS VÉGÉTAUX.

6. SUC ANTISCORBUTIQUE.

℞ Feuilles fraîches de cochléaria................	P. E.
« « de cresson..................	
« « de ményanthe................	

Pilez ces plantes dans un mortier de marbre, exprimez-en le suc, et filtrez-le au papier.

7. SUC D'HERBES ORDINAIRE.

℞ Feuilles fraîches de chicorée.................	P. E.
« « de cresson..................	
« « de fumeterre...............	
« « de laitue	

Pilez ces plantes dans un mortier de marbre, exprimez-en le suc, et filtrez-le au papier, dans un endroit frais.

TISANES.

Les tisanes destinées aux malades recevant plus d'une portion d'aliments, seront édulcorées avec la racine de réglisse ; la dose de cette dernière est de 10 grammes pour un litre de tisane.

Les tisanes des malades soumis à un régime atteignant une portion au plus, seront édulcorées avec un sirop simple ou médicamenteux dont la dose maximum sera de 60 grammes par litre.

8. TISANE AMÈRE.

℞ Espèces amères............................ 10 grammes.
Eau bouillante............................ 1000 grammes.

Faites infuser pendant une heure et passez.

Préparez de la même manière les tisanes avec :

Espèces béchiques.
Espèces pectorales.

9. TISANE APÉRITIVE.

℞ Espèces apéritives incisées.................. 10 grammes.
Eau bouillante............................ 1000 grammes.

Faites infuser pendant quatre heures, et passez.

10. TISANE DE FLEURS D'ARNICA.

℞ Fleurs d'arnica............................ 4 grammes.
Eau bouillante............................ 1000 grammes.

Faites infuser pendant une demi-heure, et filtrez au papier.

Préparez la tisane de safran de la même manière, mais sans avoir recours à la filtration.

11. TISANE DE FEUILLES DE BOURRACHE.

℞ Feuilles sèches de bourrache................ 10 grammes.
Eau bouillante............................ 1000 grammes.

Faites infuser pendant une demi-heure, et passez.

Préparez de la même manière les tisanes de :

Feuilles d'armoise,
« de chardon bénit,
« chicorée,
« fumeterre,
« lierre terrestre,
« pariétaire,
« pensée sauvage,
« saponaire,
« scabieuse,
Cônes de houblon,
Fruits d'anis,
Pétales de rose rouge,
Sommités de petite centaurée,
Graine de lin,
Anis étoilé,
Phellandrie aquatique,
Baies de genièvre,
Écorces d'oranges amères.

12. TISANE DE CACHOU.

℞ Cachou concassé	8 grammes.
Eau bouillante	1000 grammes.

Faites infuser pendant une heure et passez.

13. TISANE DE CAFÉ.

℞ Café torréfié	20 grammes.
Eau bouillante	1000 grammes.

Faites infuser pendant une demi-heure, et passez.

On prépare la tisane de café au quinquina en faisant dissoudre dans l'infusion ci-dessus :

Extrait de quinquina gris	4 grammes.

14. TISANE DE RACINE DE CANNE DE PROVENCE.

℞ Racine de canne coupée menu................	20 grammes.
Eau...................................	Q. V.

Faites bouillir dans la quantité d'eau nécessaire pour obtenir un litre de tisane.

15. TISANE DE CARRAGAHEEN (MOUSSE PERLÉE).

℞ Carragaheen..............................	5 grammes.
Eau...................................	Q. S.

Lavez le fucus avec de l'eau froide; faites-le bouillir pendant dix minutes dans la quantité d'eau suffisante pour obtenir un litre de tisane; passez.

16. TISANE DE CASSE.

℞ Extrait de casse............................	10 grammes.
Eau à 60°................................	1000 grammes.

Délayez l'extrait de casse dans l'eau, et passez à travers un blanchet.

17. TISANE DE CHIENDENT.

℞ Racine de chiendent coupée..................	20 grammes.
Eau...................................	Q. S.

Contusez le chiendent dans un mortier de marbre, et faites-le bouillir pendant une demi-heure dans la quantité d'eau nécessaire pour obtenir un litre de tisane.

18. TISANE DE CORNE DE CERF.

℞ Corne de cerf râpée........................	125 grammes.

Lavez la corne de cerf à l'eau tiède, et faites-la bouillir pendant une heure avec suffisante quantité d'eau pour obtenir un litre de tisane; passez.

19. TISANE DE FÉCULE.

℞ Fécule de pomme de terre....................	8 grammes.
Eau	S. Q.

Délayez la fécule dans 60 grammes d'eau froide, portez le reste de l'eau à l'ébullition, mélangez-y la fécule délayée et continuez à faire bouillir pendant un quart d'heure. Vous obtiendrez un litre de tisane que vous passerez à travers une étamine.

20. TISANE DE FELTZ.

℞ Salsepareille fendue et coupée................	60 grammes.
Colle de poisson............................	10 grammes.
Sulfure d'antimoine pulvérisé.................	80 grammes.
Eau commune	2000 grammes.

Placez le sulfure d'antimoine dans un nouet, et faites-le bouillir dans deux litres d'eau pendant une heure; rejetez le liquide, et remettez le nouet contenant le sulfure, avec la salsepareille et la colle de poisson, dans deux autres litres d'eau; faites bouillir à petit feu jusqu'à réduction de moitié; passez, laissez déposer et décantez.

21. TISANE DE BOIS DE GAYAC.

℞ Bois de gayac râpé..........................	50 grammes.
Eau commune............................	Q. S.

Faites bouillir le bois de gayac pendant une heure dans une quantité d'eau suffisante pour obtenir un litre de tisane; passez, laissez déposer et décantez.

22. TISANE DE GENTIANE.

℞ Racine de gentiane incisée....................	5 grammes.
Eau froide....................................	1000 grammes.

Faites macérer pendant quatre heures, et passez.

On prépare de la même manière les tisanes de :

Quassia amara.
Rhubarbe.
Simarouba.

23. TISANE DE GOMME.

℞ Gomme arabique concassée....................	20 grammes.
Eau froide....................................	1000 grammes.

Lavez d'abord la gomme, et faites-la dissoudre à froid dans l'eau ; passez.

24. TISANE DE LICHEN D'ISLANDE.

℞ Lichen d'Islande............................	10 grammes.
Eau commune	Q. V.

Mettez le lichen et l'eau dans un poêlon, portez à l'ébullition. Jetez cette première décoction, qui renferme la presque totalité du principe amer, et lavez le lichen avec de l'eau froide. Remettez-le sur le feu avec une nouvelle quantité d'eau ; faites bouillir pendant une demi-heure, de manière à obtenir un litre de tisane ; passez.

Si le médecin veut conserver le principe amer du lichen, il doit l'indiquer d'une manière spéciale.

25. TISANE DE MIEL (HYDROMEL).

℞ Miel blanc..................................	100 grammes.
Eau tiède	1000 grammes.

Délayez le miel dans l'eau, et passez.

26. TISANE DE MOUSSE DE CORSE.

℞ Mousse de Corse	30 grammes.
Eau bouillante	1000 grammes.

Faites infuser pendant une heure ; passez avec expression, laissez déposer et décantez.

27. TISANE DE FEUILLES D'ORANGER.

℞ Feuilles d'oranger	5 grammes.
Eau bouillante	1000 grammes.

Faites infuser pendant une demi-heure, et passez.

Préparez de la même manière les tisanes de :

Feuilles d'absinthe.
« capillaire du Canada,
« hysope,
« mélisse,
« menthe,
« sauge,
« thé perlé,
Fleurs de bouillon blanc,
« camomille,
« coquelicot,
« guimauve,
« mauve,
« pied de chat,
« sureau,
« tilleul,
« tussilage,
« violette.

28. TISANE D'ORGE.

℞ Orge perlé lavé à l'eau froide	20 grammes.

Faites bouillir l'orge dans une quantité d'eau suffisante, jusqu'à ce qu'il soit bien crevé et que le liquide soit réduit à un litre ; passez à travers une étamine claire.

Préparez de la même manière les tisanes de :

Gruau,
Riz.

29. TISANE DE POLYGALA.

℞ Polygala de Virginie coupé menu.............	10 grammes.
Eau bouillante..............................	1000 grammes.

Faites infuser pendant deux heures, et passez.
On prépare de la même manière les tisanes de :

Racine de guimauve,
« de sassafras,
« de valériane,
Queues de cerises.

30. TISANE DE PRUNEAUX.

℞ Pruneaux.................................. 60 grammes.

Ouvrez les pruneaux en deux parties et faites-les bouillir pendant une heure dans une quantité d'eau suffisante pour obtenir un litre de tisane, passez à travers une étamine.

Préparez de la même manière la *tisane de fruits pectoraux*.

31. TISANE DE QUINQUINA GRIS.

℞ Écorces de quinquina gris concassées.........	20 grammes.
Eau bouillante..............................	1000 grammes.

Faites infuser pendant deux heures, et passez.

On prépare de la même manière les tisanes de :

Racines d'asperge,
« d'aunée,
« de bardane,
« de chicorée,
« de grande consoude,
« de fougère mâle,
« de fraisier,
« de patience,
« de ratanhia,
« de saponaire,
« de serpentaire,
Bourgeons de sapin,
Écorce de quinquina jaune,
Tiges de douce amère.

Pour les enfants jusqu'à une dizaine d'années, employez la moitié des doses ci-dessus indiquées.

32. TISANE DE RÉGLISSE (TISANE COMMUNE).

℞ Racine de réglisse coupée	10	grammes.
Eau bouillante	1000	grammes.

Faites infuser pendant deux heures, et passez.

33. TISANE DE SALSEPAREILLE.

℞ Racine de salsepareille fendue et coupée	60	grammes.
Eau commune	Q.	S.

Faites macérer la salsepareille dans environ un litre d'eau froide pendant deux heures; mettez ensuite sur le feu, et dès que l'ébullition du liquide se produira, laissez digérer pendant deux heures dans un endroit chaud. Passez, laissez déposer, et décantez pour avoir un litre de tisane.

34. TISANE SUDORIFIQUE LAXATIVE.

℞ Bois de gayac râpé........................	30 grammes.
Racines de salsepareille......................	15 grammes.
« de sassafras........................	4 grammes.
« de réglisse	6 grammes.
Feuilles de séné..........................	16 grammes.
Eau.................... S. Q. pour obtenir	500g de boisson.

Opérez comme il est dit pour la tisane sudorifique, en ajoutant le séné en même temps que le sassafras et la réglisse ; vous obtiendrez 500 grammes de boisson. Celle-ci fait partie du traitement de la colique des peintres par les frères de la Charité.

35. TISANE DE TAMARIN.

℞ Pulpe brute de tamarin.....................	30 grammes.
Eau bouillante............................	1000 grammes.

Délayez la pulpe de tamarin dans l'eau bouillante, laissez en contact pendant une heure, et passez à travers une étamine.

Il faut opérer dans un vase de faïence ou de porcelaine.

36. TISANE D'UVA URSI.

℞ Feuilles d'uva ursi.........................	20 grammes.
Eau bouillante............................	1000 grammes.

Faites infuser pendant une heure, et passez.

LIMONADES.

37. LIMONADE ALCOOLIQUE.

℞ Alcool rectifié à 90° centés	60 grammes.
Sirop tartrique	60 grammes.
Eau	880 grammes.

Mêlez.

Les limonades au rhum et à l'eau-de-vie se préparent en substituant 60 grammes de rhum ou d'eau-de-vie à l'alcool.

38. LIMONADE PURGATIVE AU CITRATE DE MAGNÉSIE.

℞ Acide citrique	30 grammes.
Hydro-carbonate de magnésie	18 grammes.
Eau	300 grammes.
Sirop de sucre	60 grammes.
Alcoolature de zestes de citron	1 gramme.

Faites dissoudre l'acide citrique dans l'eau, ajoutez le carbonate de magnésie, et, lorsque la réaction sera terminée, filtrez la solution dans la bouteille même qui contiendra le sirop aromatisé.

D'après Soubeiran, la limonade à 40 grammes s'obtient de la même manière en prenant : acide citrique 24 grammes et hydrocarbonate de magnésie 14gr,40.

Dans les hôpitaux d'enfants on fait entrer dans la formule : acide citrique 18 grammes et hydro-carbonate de magnésie 10gr,80.

39. LIMONADE CITRIQUE.

℞ Sirop d'acide citrique gommeux	60 grammes.
Eau	1000 grammes.
Alcoolat de citrons	1 gramme.

Mêlez.

Chaque pot de limonade ainsi préparée contient 1gr,20 d'acide citrique et 3gr,50 de gomme arabique.

40. LIMONADE A LA CRÈME DE TARTRE SOLUBLE.

℞ Crème de tartre soluble	20 grammes.
Eau bouillante	900 grammes.
Sirop de sucre	60 grammes.

Dissolvez la crème de tartre soluble dans l'eau, filtrez au papier et ajoutez le sirop de sucre à la solution.

41. LIMONADE SULFURIQUE.

℞ Acide sulfurique pur à 1,84 densit	2 grammes.
Eau	900 grammes.
Sirop de sucre	100 grammes.

Mêlez.

Préparez de la même manière et aux mêmes doses les limonades nitrique et phosphorique, la première avec l'acide nitrique pur à 1,42 et la seconde avec l'acide phosphorique pur à 1,45.

42. LIMONADE TARTRIQUE.

℞ Sirop tartrique	60 grammes.
Eau commune	1000 grammes.

Mêlez.

43. LIMONADE VINEUSE.

℞ Vin rouge	250 grammes.
Sirop tartrique	60 grammes.
Eau	700 grammes.

Le mélange de sirop tartrique et d'eau est préparé et délivré par le pharmacien; l'addition du vin se fait dans la salle.

On mettra la même quantité de vin dans toutes les tisanes vineuses.

44. OXYCRAT.

℞ Vinaigre blanc	30 grammes.
Eau froide	1000 grammes.

Mêlez.

45. HYDROGALA.

℞ Lait	250 grammes.
Eau commune	750 grammes.

Mêlez.

On préparera dans les mêmes proportions toutes les tisanes qu'il sera prescrit de couper au moyen du lait.

46. PETIT-LAIT OU SÉRUM.

℞ Lait de vache pur	1000 grammes.

Portez le lait à l'ébullition, et ajoutez-y, par petites portions, une quantité suffisante d'une dissolution faite avec une partie d'acide citrique et huit parties d'eau : quand le coagulum sera bien formé, passez sans expression. Remettez le petit-lait sur le feu, avec un blanc d'œuf que vous aurez d'abord délayé, puis battu avec une petite quantité d'eau. Portez de nouveau à l'ébullition ; versez un peu d'eau froide pour abaisser le bouillon, et, dès que le liquide sera éclairci, filtrez-le sur un papier qui aura été préalablement lavé à l'eau bouillante.

47. PETIT-LAIT DE WEISS.

℞ Follicules de séné	2 grammes.
Sulfate de magnésie	2 grammes.
Sommités d'hypéricum	1 gramme.
« de caille-lait	1 gramme.
Fleurs de sureau	1 gramme.
Petit-lait bouillant	500 grammes.

Faites infuser pendant une demi-heure ; passez et filtrez.

APOZÈMES.

48. APOZÈME ANTISCORBUTIQUE.

℞ Racine de bardane	10 grammes.
« de patience	10 grammes.
Sirop antiscorbutique	100 grammes.
Eau bouillante	1000 grammes.

Concassez les racines, et faites-les infuser dans l'eau bouillante pendant deux heures; passez et ajoutez le sirop antiscorbutique.

49. APOZÈME D'ÉCORCE DE RACINE DE GRENADIER.

℞ Écorce sèche de racine de grenadier	60 grammes.
Eau commune	750 grammes.

Contusez l'écorce et faites-la macérer pendant douze heures; faites ensuite bouillir sur un feu doux, jusqu'à réduction d'un tiers; passez.

50. APOZÈME LAXATIF (BOUILLON AUX HERBES).

℞ Feuilles récentes d'oseille	40 grammes.
« « de laitue	20 grammes.
« « de poirée	10 grammes.
« « de cerfeuil	10 grammes.
Sel marin	2 grammes.
Beurre frais	5 grammes.
Eau commune	1000 grammes.

Lavez les plantes et faites-les bouillir jusqu'à ce qu'elles soient cuites; ajoutez le sel et le beurre, et passez.

51. APOZÈME PURGATIF (POTION PURGATIVE, MÉDECINE NOIRE).

℞ Feuilles de séné mondé	10 grammes.
Rhubarbe choisie	5 grammes.
Sulfate de soude	15 grammes.
Manne en sorte	60 grammes.
Eau bouillante	120 grammes.

Versez l'eau bouillante sur le séné et la rhubarbe ; après une demi-heure d'infusion, passez avec expression. Ajoutez le sulfate de soude et la manne ; faites dissoudre sur un feu doux ; passez, laissez déposer, et décantez.

52. APOZÈME SUDORIFIQUE (TISANE SUDORIFIQUE).

℞ Bois de gayac râpé	60 grammes.
Racine de salsepareille fendue et coupée	30 grammes.
« de sassafras	10 grammes.
« de réglisse	20 grammes.

Faites bouillir la salsepareille et le gayac dans une suffisante quantité d'eau pendant une heure ; ajoutez le sassafras et la racine de réglisse, et laissez infuser pendant deux heures ; passez, laissez déposer et décantez.

Les doses précédentes doivent donner un litre d'apozème.

53. APOZÈME TŒNIFUGE DE COUSSO.

℞ Cousso en poudre demi fine	20 grammes.
Eau bouillante	150 grammes.

Délayez la poudre dans l'eau bouillante ; ce mélange est ingéré par le malade.

54. APOZÈME VERMIFUGE DE SEMEN-CONTRA.

℞ Poudre de semen-contra	10 grammes.
Eau bouillante	500 grammes.

Faites infuser, et passez.

55. DÉCOCTION BLANCHE DE SYDENHAM.

℞ Corne de cerf calcinée et porphyrisée..........	10 grammes.
Mie de pain de froment....................	20 grammes.
Gomme arabique pulvérisée..................	10 grammes.
Sucre blanc..............................	60 grammes
Eau de fleur d'oranger......................	10 grammes.
Eau commune............................	Q. S.

Triturez dans un mortier de marbre la corne de cerf et la gomme; ajoutez la mie de pain et le sucre, triturez de nouveau pour avoir un mélange exact. Placez celui-ci sur le feu avec un peu plus d'un litre d'eau; chauffez en agitant continuellement jusqu'à l'ébullition, et faites bouillir pendant un quart d'heure dans un vase couvert. Passez avec légère expression à travers une étamine peu serrée; faites dissoudre le sucre, et aromatisez avec l'eau de fleur d'oranger.

56. EAU DE CASSE AVEC LES GRAINS.

℞ Casse en gousse..........................	60 grammes.
Sulfate de magnésie......................	30 grammes.
Émétique................................	0,15 centigr.
Eau tiède................................	1000 grammes.

Ouvrez la gousse en l'appuyant sur l'une de ses sutures et en frappant sur l'autre avec un maillet, délayez la pulpe dans l'eau chaude, et, après quelques instants, passez à travers un blanchet.

Faites dissoudre ensuite le sulfate de magnésie et l'émétique.

Cette préparation fait partie du traitement de la colique des peintres, dit *traitement des frères de la Charité.*

57. EAU PANÉE.

℞ Pain..................................	60 grammes.
Eau bouillante..........................	1000 grammes.

Faites infuser pendant une heure et passez.

58. BOUILLON DE VEAU.

℞ Rouelle de veau	125 grammes.

Faites cuire à petit feu pendant deux heures avec une quantité d'eau suffisante pour obtenir un litre de bouillon et passez.

59. ÉMULSION SIMPLE.

℞ Amandes douces mondées	50 grammes.
Sucre blanc	50 grammes
Eau commune	1000 grammes.

Pilez dans un mortier de marbre les amandes avec le tiers du sucre et une petite quantité d'eau, de manière à obtenir une pâte très-fine ; délayez cette pâte avec le reste de l'eau, et passez avec expression à travers une étamine.

60. ÉMULSION DE BAUME DE COPAHU (VÉNÉRIENS).

℞ Baume de copahu	30 grammes.
Eau de laitue	30 grammes.
« de fleur d'oranger	30 grammes.
Sirop diacode	30 grammes.
Gomme arabique	8 grammes.

Faites un mucilage dans un mortier de marbre, avec la gomme et une partie de l'eau de laitue ; servez-vous-en pour diviser le baume de copahu, et délayez au moyen des eaux distillées et du sirop.

LOOCHS.

61. LOOCH BLANC DU CODEX.

℞ Amandes douces mondées	30 grammes.
« amères mondées	2 grammes.
Sucre blanc	30 grammes.
Gomme adragante pulvérisée	0, 50
Eau de fleur d'oranger	10 grammes.
Eau commune	120 grammes.

Faites une émulsion avec les amandes, l'eau commune et la presque totalité du sucre ; passez. Triturez la gomme adragante avec le sucre restant; délayez la poudre obtenue dans une petite quantité d'émulsion ; battez vivement et longtemps, ajoutez enfin peu à peu le reste de l'émulsion et l'eau de fleur d'oranger.

Le looch entier doit peser 150 grammes.

62. LOOCH DES HOPITAUX.

℞ Pâte à looch	30 grammes.
Eau	125 grammes.

Délayez peu à peu dans un mortier de marbre, passez avec légère expression à travers une étamine et ajoutez :

Poudre de gomme adragante	0gr,50

Triturez la gomme et un peu de sirop de sucre dans l'émulsion que vous verserez par petites portions, introduisez dans une fiole, et lavez le mortier avec eau de fleur d'oranger, 2 grammes. Ajoutez au liquide, et agitez fortement la bouteille.

63. LOOCH HUILEUX.

℞ Huile d'amandes douces	15 grammes.
Gomme arabique pulvérisée	15 grammes.
Sirop de gomme	30 grammes.
Eau de fleur d'oranger	15 grammes.
Eau commune	100 grammes.

Préparez un mucilage avec la gomme et deux fois son poids d'eau ; ajoutez l'huile par petites parties pour la diviser par une trituration prolongée, et délayez enfin avec le reste des liquides.

POTIONS.

64. POTION ANTI-ÉMÉTIQUE DE RIVIÈRE.

N° 1. POTION ALCALINE.

℞ Bicarbonate de potasse	2 grammes.
Eau commune	50 grammes.
Sirop de sucre	15 grammes.

Faites dissoudre le sel dans l'eau, et ajoutez le sirop.

N° 2. POTION ACIDE.

Acide citrique	2 grammes.
Eau commune	50 grammes.
Sirop d'acide citrique aromatisé au citron	15 grammes.

Faites dissoudre l'acide citrique dans l'eau, et ajoutez le sirop d'acide citrique.

Pour administrer cette potion, tantôt on met dans un verre une cuillerée de chacune des potions, et, après avoir agité, on fait boire immédiatement; tantôt on fait prendre successivement au malade une cuillerée de chacune des deux potions, en commençant par le n° 1.

65. POTION ANTISPASMODIQUE OPIACÉE.

℞ Sirop d'opium	15 grammes.
« de sucre	10 grammes.
Eau de fleur d'oranger	10 grammes.
Eau commune	100 grammes.
Éther sulfurique	1 gramme.

Mélangez d'abord les eaux et les sirops dans une bouteille, ajoutez l'éther, et bouchez promptement.

66. POTION ASTRINGENTE AU RATANHIA.

℞ Extrait de ratanhia	5 grammes.
Eau commune	100 grammes.
Sirop de coings	50 grammes.

Faites dissoudre l'extrait de ratanhia dans l'eau; filtrez, et ajoutez le sirop.

67. POTION ASTRINGENTE AU PERCHLORURE DE FER.

℞ Solution normale de perchlorure de fer	5 grammes
Sirop de sucre	30 grammes.
Eau de fleur d'oranger	10 grammes.
Eau	100 grammes.

Mélangez,

68. POTION BALSAMIQUE (POTION DE CHOPPART).

℞ Baume de copahu	60 grammes.
Alcool à 80° centés	60 grammes.
Sirop de baume de tolu	60 grammes.
Eau distillée de menthe poivrée	120 grammes.
Alcool nitrique	8 grammes.

Mêlez d'abord l'alcool à 80° et l'alcool nitrique, ajoutez le aume de copahu, et ensuite le sirop et l'eau distillée.

69. POTION BÉCHIQUE (JULEP BÉCHIQUE).

℞ Infusion d'espèces béchiques..................	120 grammes.
Sirop de gomme...........................	30 grammes.

Mêlez.

70. POTION CALMANTE (JULEP CALMANT OU OPIACÉ).

℞ Sirop d'opium.............................	15 grammes.
« de sucre..............................	10 grammes.
Fleurs de tilleul...........................	4 grammes.
Eau bouillante.............................	150 grammes.

Versez l'eau bouillante sur les fleurs de tilleul, après une heure d'infusion, passez et ajoutez les sirops.

Chaque potion contiendra $0^{gr},03$ d'extrait d'opium.

71. POTION AU CHLORATE DE POTASSE.

℞ Potion gommeuse..........................	125 grammes.
Chlorate de potasse.........................	4 grammes.

Faites dissoudre.

72. POTION CORDIALE.

℞ Vin cordial...............................	120 grammes.
Sirop d'écorces d'oranges....................	30 grammes.

73. POTION DIACODÉE (JULEP DIACODÉ).

℞ Sirop diacode.............................	15 grammes.
« de sucre..............................	10 grammes.
Fleurs de tilleul...........................	4 grammes.
Eau bouillante.............................	150 grammes.

Versez l'eau bouillante sur les fleurs de tilleul ; après une heure d'infusion, passez et ajoutez les sirops.

74. POTION DIURÉTIQUE.

℞ Oxymel scillitique	15 grammes.
Eau de menthe poivrée	30 grammes.
Alcool nitrique	2 grammes.
Eau simple	100 grammes.

Mélangez exactement.

75. POTION GOMMEUSE (JULEP GOMMEUX).

℞ Poudre de gomme arabique	10 grammes.
Sirop de gomme	30 grammes.
Eau distillée de fleur d'oranger	10 grammes.
Eau commune	100 grammes.

Triturez la gomme avec le sirop dans un mortier de marbre et ajoutez les autres substances.

Le julep gommeux à la dose de 125 grammes est le véhicule de plusieurs potions que l'on prépare fréquemment par la simple addition, soit d'une matière soluble, soit d'une substance insoluble. Exemple : julep à l'iodure de potassium, au bromure de potassium, à l'arseniate de soude, au kermès, etc. La dose du principe actif ne saurait être fixée à l'avance, elle dépend entièrement de la prescription spéciale du médecin.

76. POTION HUILEUSE.

℞ Potion gommeuse	N° 1.
Huile d'amandes douces	30 grammes.

Mêlez et agitez au moment de l'administration.

77. POTION A LA MAGNÉSIE (MÉDECINE BLANCHE).

℞ Magnésie calcinée	8 grammes.
Sucre blanc	50 grammes.
Eau commune	40 grammes.
Eau de fleur d'oranger	20 grammes.

Broyez la magnésie avec l'eau, mettez le mélange dans une

capsule de porcelaine, et chauffez jusqu'à l'ébullition, en agitant continuellement. Retirez du feu ; mettez le sucre en continuant d'agiter; ajoutez l'eau de fleur d'oranger, et passez à travers une passoire fine, en facilitant l'opération à l'aide d'une spatule.

78. POTION PURGATIVE A LA MANNE.

℞ Feuilles de séné............................	8 grammes.
Sulfate de soude............................	16 grammes.
Manne....................................	60 grammes.
Eau bouillante..............................	96 grammes.

Versez l'eau bouillante sur le séné ; après un quart d'heure de digestion, passez avec expression; mêlez à l'infusion le sulfate de soude et la manne, placez le tout sur les cendres chaudes, et quand le sel et la manne seront dissous, passez.

79. POTION PURGATIVE DES PEINTRES.

℞ Electuaire Diaphœnix.....................	30 grammes.
Poudre de jalap............................	4 grammes.
Feuilles de séné............................	8 grammes.
Sirop de nerprun...........................	30 grammes.
Eau bouillante..............................	125 grammes.

Versez l'eau bouillante sur le séné, laissez infuser, passez ; délayez dans la colature la poudre de jalap, l'électuaire Diaphœnix et le sirop de nerprun. (Traitement de la Charité).

80. POTION TONIQUE.

℞ Sirop de quinquina.........................	25 grammes.
Alcoolat de mélisse composé..................	5 grammes.
Eau distillée de menthe poivrée...............	30 grammes.
Eau commune...............................	90 grammes.

Mêlez.

81. POTION VOMITIVE DES PEINTRES (EAU BÉNITE).

℞ Emétique	0,30 centigr.
Eau commune	250 grammes.

Faites dissoudre. (Traitement de la Charité.)

GOUTTES.

82. GOUTTES AMÈRES DE BAUMÉ.

℞ Fèves de Saint-Ignace râpées	500 grammes.
Carbonate de potasse	5 grammes.
Suie	1 gramme.
Alcool à 60° centés	1000 grammes.

Faites macérer pendant dix jours ; passez avec expression, et filtrez.

83. GOUTTES NOIRES.

℞ Opium de Smyrne	100 grammes.
Vinaigre distillé	600 grammes.
Safran	8 grammes.
Muscades	25 grammes.
Sucre	50 grammes.

Divisez l'opium; pulvérisez grossièrement les muscades et incisez le safran. Mettez le tout dans un ballon avec les trois quarts du vinaigre; faites macérer pendant dix jours, en agitant de temps en temps. Chauffez au bain-marie pendant une demi-heure; passez, exprimez fortement. Ajoutez sur le marc la quatrième partie du vinaigre; après vingt-quatre heures de contact, exprimez de nouveau à la presse. Réunissez le liquide écoulé au premier produit, filtrez; ajoutez le sucre, et faites évaporer au bain-marie jusqu'à réduction à 200 grammes. La liqueur refroidie doit marquer environ 1,25 au densimètre.

La goutte noire, ainsi préparée, représente la moitié de son poids d'opium, ou le quart d'extrait d'opium; c'est-à-dire que 1 partie équivaut à 2 parties de laudanum de Rousseau et à 4 parties de laudanum de Sydenham.

VINS MÉDICINAUX.

84. VIN D'AUNÉE.

℞ Racine d'aunée	30 grammes.
Alcool à 60° centés	60 grammes.
Vin blanc	1000 grammes.

Incisez la racine d'aunée, faites-la macérer pendant vingt-quatre heures avec l'alcool ; ajoutez le vin et laissez en contact pendant dix jours, en agitant de temps en temps. Passez, exprimez et filtrez.

85. VIN CORDIAL.

℞ Teinture de cannelle	10 grammes.
Vin rouge	90 grammes.

86. VIN DIURÉTIQUE AMER DE LA CHARITÉ.

Racine d'asclépias	15 grammes.
« d'angélique	15 grammes.
Squames sèches de scille	15 grammes.
Écorces de quinquina gris	60 grammes.
« de citron	60 grammes.
« de Winter	60 grammes.
Feuilles d'absinthe	30 grammes.
« de mélisse	30 grammes.
Baies de genièvre	15 grammes.
Macis	15 grammes.
Alcool à 60° centés	200 grammes.
Vin blanc	4000 grammes.

Réduisez en poudre grossière les racines, les écorces, les

feuilles et le macis; mettez-le tout dans un matras avec le vin; faites macérer pendant dix jours, en agitant de temps en temps, passez avec expression et filtrez.

87. VIN DIURÉTIQUE DE L'HOTEL-DIEU (TROUSSEAU).

℞ Vin blanc contenant 9 à 10 0/0 d'alcool........	4000 grammes.
Alcool à 90° centés........................	500 grammes.
Feuilles sèches de digitale....................	60 grammes.
Squames de scille...........................	30 grammes.
Baies de genièvre...........................	300 grammes.
Acétate de potasse sec......................	200 grammes.

Divisez les feuilles de digitale, les baies de genièvre et les squames de scille; faites-les macérer dans le vin blanc additionné d'alcool. Après quinze jours de macération en un vase fermé que vous agiterez de temps à autre; jetez sur une toile et exprimez le marc. Au liquide obtenu ajoutez l'acétate de potasse, agitez jusqu'à dissolution du sel et filtrez sur le papier.

88. VIN DE QUINQUINA.

℞ Quinquina gris............................	90 grammes.
Alcool à 60° centés........................	200 grammes.
Vin rouge.................................	1000 grammes.
Vin blanc.................................	500 grammes.

Concassez le quinquina, versez l'alcool dessus, laissez en contact dans un vase fermé, pendant vingt-quatre heures. Ajoutez le vin, faites macérer pendant dix jours, en agitant de temps en temps. Passez avec expression, et filtrez.

89. VIN DE ROSES ROUGES.

℞ Roses de Provins...........................	60 grammes.
Alcool à 90° centés........................	100 grammes.
Vin rouge.................................	1000 grammes.

Laissez en contact dans un vase fermé pendant dix jours, en agitant de temps en temps: passez et filtrez.

VINAIGRES MÉDICINAUX.

90. VINAIGRE AROMATIQUE.

℞ Feuilles de mélisse	25 grammes.
« de menthe poivrée	25 grammes.
« de romarin	25 grammes.
« de sauge	25 grammes.
Fleurs de lavande	50 grammes.
Ail	10 grammes.
Vinaigre blanc	2000 grammes.

Incisez les plantes ; faites-les macérer dans le vinaigre pendant dix jours, en agitant de temps en temps. Passez et filtrez.

91. VINAIGRE PHÉNIQUÉ.

℞ Acide phénique	100 grammes.
Camphre	10 grammes.
Alcool à 90° centés.	100 grammes.
Acide pyroligneux	800 grammes.

On fait dissoudre le camphre dans l'alcool et l'on ajoute l'acide phénique et l'acide pyroligneux.

EXTRAITS.

92. EXTRAIT DE BELLADONE.

℞ Feuilles de belladone à l'époque de la floraison.. Q. V.

Pilez la plante, exprimez-en le suc à la presse, et chauffez-le jusqu'à ce que l'albumine soit coagulée. Passez ; évaporez au bain-marie le suc ainsi clarifié, jusqu'à réduction au tiers de son volume. Laissez-le refroidir et déposer pendant douze heures. Séparez le dépôt, et terminez l'opération au bain-marie pour obtenir un extrait mou.

Préparez de la même manière les extraits :

de ciguë,
de jusquiame,
de stramoine.

93. EXTRAIT DE DIGITALE.

℞ Feuilles sèches de digitale........................	Q. V.
Alcool à 60° centés..............................	Q. S.

Pulvérisez les feuilles de digitale, épuisez la poudre au moyen de l'alcool dans un appareil à déplacement ; distillez la liqueur pour en retirer l'alcool et concentrez, au bain-marie, jusqu'en consistance d'extrait mou.

94. EXTRAIT DE FÈVE DE CALABAR.

℞ Fèves de Calabar............................	Q. V.
Alcool à 90° centés............................	Q. S.

Réduisez les fèves en poudre très-fine, et épuisez-les par l'alcool bouillant dans un appareil à déplacement. Distillez la liqueur pour en retirer tout l'alcool, et concentrez au bain-marie jusqu'en consistance d'extrait.

95. EXTRAIT D'OPIUM.

℞ Opium de Smyrne............................	1000 grammes.
Eau distillée froide............................	12000 grammes.

Divisez l'opium et mettez-le en contact avec 8 litres d'eau ; délayez-le exactement, et après vingt-quatre heures passez et exprimez. Versez sur le marc le reste de l'eau et après une macération de 12 heures, passez encore avec expression. Les liqueurs réunies sont filtrées et évaporées au bain-marie jusqu'en consistance d'extrait.

Reprenez cet extrait refroidi par 10 litres d'eau distillée froide, filtrez la dissolution et évaporez de nouveau jusqu'en consistance d'extrait ferme.

96. EXTRAIT DE QUINQUINA.

℞ Quinquina gris	1000 grammes.
Eau distillée bouillante	12000 grammes.

Réduisez le quinquina en poudre grossière ; faites-le infuser pendant vingt-quatre heures dans 8 litres d'eau, et passez à travers une toile. Faites une seconde infusion avec le marc et 4 litres d'eau, réunissez les deux liqueurs, laissez-les déposer et évaporer au bain-marie jusqu'en consistance d'extrait mou.

SIROPS.

97. SIROP ALCALIN.

℞ Bicarbonate de soude	5 grammes.
Eau distillée	10 grammes.
Sirop de sucre	90 grammes.

Délayez le bicarbonate de soude dans l'eau distillée, ajoutez le sirop de sucre, et chauffez au bain-marie jusqu'à ce que la dissolution soit complète.

98. SIROP DE BELLADONE.

℞ Extrait de belladone	3 grammes.
Sirop de sucre	1000 grammes.

Faites dissoudre l'extrait dans huit fois son poids d'eau distillée, filtrez la solution, mêlez-la au sirop et faites bouillir pendant quelques instants.

20 grammes de ce sirop correspondent à 6 centigrammes d'extrait.

99. SIROP CITRIQUE GOMMEUX.

℞ Acide citrique	20 grammes.
Gomme arabique	60 grammes.
Eau distillée	100 grammes.
Sirop de sucre	820 grammes.

Faites dissoudre dans l'eau distillée la gomme, puis l'acide citrique, ajoutez au sirop et passez.

100. SIROP DE DEUTOIODURE DE MERCURE IODURÉ.

℞ Deutoiodure de mercure	1 gramme.
Iodure de potassium	40 grammes.
Eau distillée	40 grammes.
Sirop de sucre	1920 grammes.

Faites dissoudre l'iodure de potassium dans l'eau distillée, ajoutez le deutoiodure, filtrez la dissolution et mêlez avec le sirop.

20 grammes de ce sirop contiennent 1 centigramme de deutoiodure de mercure et 40 centigrammes d'iodure de potassium.

101. SIROP DIACODE.

℞ Extrait d'opium	1 gramme.
Eau distillée	9 grammes.
Sirop de sucre	1990 grammes.

Faites dissoudre l'extrait dans l'eau distillée, filtrez et mélangez avec le sirop.

20 grammes de ce sirop contiennent 1 centigramme d'extrait d'opium. Ce médicament remplace le sirop de pavots blancs.

102. SIROP D'EXTRAIT D'OPIUM (SIROP D'OPIUM).

℞ Extrait d'opium	4 grammes.
Eau distillée	16 grammes.
Sirop de sucre	1980 grammes.

Faites dissoudre l'extrait dans l'eau distillée, filtrez et mélangez avec le sirop.

20 grammes de ce sirop contiennent 4 centigrammes d'extrait d'opium.

103. SIROP IODOFERRÉ.

℞ Iodure de potassium	20 grammes.
Tartrate de potasse et de fer	20 grammes.
Eau distillée de cannelle	60 grammes.
Sirop de sucre	900 grammes.

Dissolvez l'iodure de potassium dans l'eau de cannelle, ajoutez le tartrate de potasse et de fer; filtrez la dissolution et mélangez-la avec le sirop.

20 grammes de ce sirop contiennent les éléments de 40 centigrammes d'iodure de potassium et de 40 centigrammes de tartrate de potasse et de fer.

104. SIROP IODOTANNIQUE.

℞ Iode	2 grammes.
Tannin	8 grammes.
Sirop de ratanhia	100 grammes.
Sirop de sucre	880 grammes.

Faites dissoudre, à l'aide de la chaleur, l'iode et le tannin dans 60 grammes d'eau distillée ; laissez refroidir et filtrez. Mêlez la dissolution au sirop de ratanhia et chauffez le mélange au bain-marie jusqu'à ce que son poids soit de 120 grammes; ajoutez alors le sirop de sucre et mêlez.

20 grammes de ce sirop contiennent 4 centigrammes d'iode.

105. SIROP D'IODURE D'AMIDON.

℞ Iodure d'amidon	10 grammes.
Eau distillée	360 grammes.
Sucre blanc	660 grammes.

Dissolvez l'iodure d'amidon dans l'eau distillée et filtrez. Dans la liqueur, faites fondre, à une très-douce chaleur, le sucre grossièrement pulvérisé.

20 grammes de ce sirop contiennent 2 centigrammes d'iode.

106. SIROP DE MORPHINE.

℞ Morphine cristallisée	0,04 centigr.
Eau distillée	2 grammes.
Sirop de sucre	98 grammes.

Dissolvez la morphine dans l'eau distillée en y ajoutant une goutte d'acide chlorhydrique, et mêlez au sirop de sucre.

20 grammes de ce sirop correspondent à un centigramme de chlorhydrate de morphine et à 8 milligrammes de morphine cristallisée.

107. SIROP DE PHELLANDRIE.

℞ Fruits de phellandrie	100 grammes.
Sucre blanc	1000 grammes.

Faites infuser les fruits pendant vingt-quatre heures dans un litre d'eau bouillante, passez et filtrez l'infusion, ajoutez le sucre et faites cuire en consistance de sirop.

108. SIROP DE QUINQUINA.

℞ Quinquina gris en poudre demi-fine...........	200 grammes.
Sucre blanc................................	1000 grammes.

Faites bouillir le quinquina dans deux litres d'eau pendant une demi-heure, passez ; faites une nouvelle décoction dans une même quantité d'eau, réunissez les liqueurs, évaporez pour les réduire de moitié, ajoutez alors le sucre et cuisez à 30 degrés bouillant.

ÉLECTUAIRES.

109. ÉLECTUAIRE DIAPHŒNIX.

℞ Pulpe de dattes............................	250 grammes.
Amandes douces mondées....................	112 grammes.
Poudre de gingembre........................	8 grammes.
Poudre de poivre noir.......................	8 grammes.
Poudre de macis............................	8 grammes.
Poudre de cannelle..........................	8 grammes.
Poudre de safran............................	00,3 décigr.
Poudre de daucus de Crète..................	8 grammes.
Poudre de fenouil...........................	8 grammes.
Poudre de rue..............................	8 grammes.
Poudre de turbith...........................	125 grammes.
Poudre de scammonée d'Alep.................	48 grammes.
Poudre de sucre............................	250 grammes.
Miel dépuré................................	1000 grammes.

Broyez les amandes avec le sucre pour les réduire en une pulpe très-homogène ; mélangez-y peu à peu la pulpe de dattes, puis le miel, et enfin incorporez-y les poudres. Conservez l'électuaire dans un pot couvert que vous tiendrez dans un lieu frais. (Traitement de la Charité.)

PILULES ET BOLS.

110. BOL FÉBRIFUGE.

℞ Poudre de quinquina gris	30 grammes.
Carbonate de potasse	4 grammes.
Émétique	0,90 centigr.
Sirop d'absinthe	60 grammes.

Mêlez et divisez en bols de la grosseur d'une noisette.

111. PILULES DE DUPUYTREN.

℞ Deutochlorure de mercure porphyrisé	0,20 centigr.
Extrait d'opium	0,40 centigr.
« de gayac	0,80 centigr.

Faites une masse bien homogène, que vous diviserez en vingt pilules, dont chacune renferme 0gr,01 (un centigramme) de deutochlorure, et 0gr,02 (deux centigrammes) d'extrait d'opium.

112. PILULES DE MÉGLIN.

℞ Extrait alcoolique de jusquiame	10 grammes.
« de valériane	10 grammes.
Oxyde de zinc	10 grammes.

Mêlez et faites deux cents pilules. Chaque pilule contient 0gr,05 (cinq centigrammes) de chacune des substances composantes.

113. PILULES MERCURIELLES SAVONNEUSES (PILULES DE SÉDILLOT).

℞ Pommade mercurielle à parties égales, récemment préparée	30 grammes.
Savon médicinal pulvérisé	20 grammes.
Poudre de réglisse	10 grammes.

Faites une masse homogène que vous diviserez en pilules de 0gr,20 centigrammes.

Chaque pilule contient $0^{gr},05$ (cinq centigrammes) de mercure.

114. PILULES DE SOUS-NITRATE DE BISMUTH OPIACÉES.

℞ Extrait d'opium.............................	10 grammes.
Sous-nitrate de bismuth....................	500 grammes.
Diascordium....................................	150 grammes.
Mucilage épais de gomme arabique............	50 grammes.

Faites selon l'art et partagez en mille pilules. Chaque pilule contient un centigramme d'extrait d'opium et cinquante centigrammes de sous-nitrate de bismuth.

115. PILULES DE PROTOIODURE DE MERCURE OPIACÉES.

℞ Protoiodure de mercure récemment préparé....	5 grammes.
Extrait d'opium.............................	2 grammes.
Conserve de rose............................	10 grammes.
Poudre de réglisse..........................	Q. S.

Mêlez exactement l'extrait d'opium à la conserve de rose, ajoutez-y le protoiodure, puis la quantité nécessaire de poudre de réglisse. Divisez la masse en cent pilules.

Chaque pilule contient (cinq centigrammes) de protoiodure et (deux centigrammes) d'extrait d'opium.

CÉRATS.

116. CÉRAT BELLADONÉ.

℞ Extrait de belladone.........................	10 grammes.
Cérat jaune.....................................	90 grammes.

Mêlez par trituration dans un mortier.

Préparez de la même manière le cérat d'extrait de jusquiame et de stramonium.

117. CÉRAT LAUDANISÉ.

℞ Laudanum de Sydenham	10 grammes.
Cérat jaune	90 grammes.

Mêlez dans un mortier.

118. CÉRAT MERCURIEL.

℞ Pommade mercurielle à parties égales	100 grammes.
Cérat jaune	100 grammes.

Mêlez dans un mortier.

119. CÉRAT SATURNÉ.

℞ Sous-acétate de plomb	10 grammes.
Cérat jaune	90 grammes.

Mêlez dans un mortier.

Ce cérat doit être préparé au moment du besoin.

120. CÉRAT SOUFRÉ.

℞ Soufre sublimé et lavé	20 grammes.
Huile d'amandes douces	10 grammes.
Cérat jaune	100 grammes.

Mêlez dans un mortier le soufre avec le cérat, et ajoutez l'huile en triturant de nouveau.

POMMADES.

121. POMMADE AMMONIACALE (POMMADE DE GONDRET).

℞ Suif de mouton	10 grammes.
Axonge	10 grammes.
Ammoniaque liquide à 0,92 (densit.)	20 grammes.

Faites liquéfier le suif et l'axonge à une douce chaleur, dans un flacon à large ouverture bouchant à l'émeri. Quand le mélange sera en partie refroidi, ajoutez l'ammoniaque ; agitez vivement, et plongez le flacon dans l'eau froide pour hâter le refroidissement.

122. POMMADE DE CALOMEL.

℞ Calomel	1 gramme.
Axonge	24 grammes.

Mélangez par trituration.

123. POMMADE CHLOROFORMÉE.

℞ Chloroforme	20 grammes.
Cire blanche	10 grammes.
Axonge	90 grammes.

Fondez l'axonge et la cire au bain-marie dans un flacon à large ouverture, bouchant à l'émeri ; laissez refroidir en partie. Ajoutez le chloroforme, bouchez exactement le flacon, et agitez vivement jusqu'à ce que la pommade soit entièrement refroidie.

124. POMMADE DE DESAULT.

℞ Oxyde rouge de mercure porphyrisé............	1 gramme.
Oxyde de zinc................................	1 gramme.
Acétate de plomb cristallisé....................	1 gramme.
Alun calciné..................................	1 gramme.
Sublimé corrosif...............................	0,15 centigr.
Pommade rosat..............................	8 grammes.

Porphyrisez avec beaucoup de soin les oxydes et les sels; ajoutez la pommade rosat, en broyant très-exactement sur le porphyre pour obtenir une pommade homogène.

125. POMMADE DE DEUTOCHLORURE DE MERCURE (Pommade de Cyrillo).

℞ Deutochlorure de mercure.....................	1 gramme.
Axonge....................................	20 grammes.

Triturez fortement.

126. POMMADE DE GOUDRON.

℞ Goudron purifié............................	10 grammes.
Axonge....................................	30 grammes.

Mêlez dans un mortier.

127. POMMADE D'IODURE DE POTASSIUM.

℞ Iodure de potassium..........................	4 grammes.
Axonge....................................	30 grammes.
Eau distillée................................	Q. S.

Dissolvez le sel dans la quantité d'eau strictement nécessaire; ajoutez l'axonge, et triturez pour obtenir une pommade homogène.

128. POMMADE D'IODURE DE POTASSIUM IODÉ.

℞ Iode	1 gramme.
Iodure de potassium	5 grammes.
Axonge	40 grammes.
Eau distillée	Q. S.

Faites dissoudre dans la plus petite quantité d'eau possible le mélange d'iode et d'iodure de potassium ; ajoutez l'axonge, et triturez pour obtenir une pommade homogène.

129. POMMADE D'OXYDE ROUGE DE MERCURE (POMMADE DE LYON).

℞ Pommade rosat	15 grammes.
Oxyde rouge de mercure porphyrisé	1 gramme.

Mêlez très-exactement sur un porphyre.

130. POMMADE DE PROTOIODURE DE MERCURE.

℞ Protoiodure de mercure	1 gramme.
Axonge	20 grammes.

Mêlez très-exactement sur un porphyre.

Préparez de la même manière la pommade d'iodure de soufre.

131. POMMADE DE RÉGENT.

℞ Beurre très-frais	18 grammes.
Oxyde rouge de mercure porphyrisé	1 gramme.
Acétate de plomb cristallisé	1 gramme.
Camphre divisé	0,10 centigr.

Porphyrisez avec beaucoup de soin le sel de plomb avec l'oxyde de mercure; ajoutez le camphre, puis le beurre, en broyant très-exactement sur le porphyre pour obtenir une pommade homogène.

132. POMMADE STIBIÉE (POMMADE D'AUTENRIETH).

℞ Emétique porphyrisé	10 grammes.
Axonge	30 grammes.

Mêlez très-exactement sur un porphyre pour obtenir une pommade homogène.

ONGUENTS.

133. ONGUENT DIGESTIF ANIMÉ.

℞ Onguent digestif simple	100 grammes.
Styrax liquide purifié	100 grammes.

Mêlez exactement dans un mortier.

134. ONGUENT DIGESTIF LAUDANISÉ.

℞ Onguent digestif simple	90 grammes.
Laudanum de Sydenham	10 grammes.

Mêlez.

135. ONGUENT DIGESTIF MERCURIEL.

℞ Onguent digestif simple	100 grammes.
Pommade mercurielle à parties égales	100 grammes.

Mêlez exactement dans un mortier.

136. ONGUENT DIGESTIF SIMPLE.

℞ Térébenthine du mélèze	40 grammes.
Jaune d'œuf	20 grammes.
Huile d'olives	10 grammes.

Mêlez dans un mortier le jaune d'œuf et la térébenthine, et ajoutez peu à peu l'huile d'olives.

CATAPLASMES.

137. CATAPLASME DE FARINE DE LIN.

℞ Farine de lin	Q. V.
Eau	Q. S.

Délayez la farine dans l'eau froide de manière à faire une bouillie très-claire, et faites chauffer, en remuant continuellement, jusqu'à ce que la masse ait pris une consistance convenable.

138. CATAPLASME DE FÉCULE.

℞ Fécule de pomme de terre	100 grammes.
Eau	1000 grammes.

Mettez les huit dixièmes de l'eau sur le feu, dans un poêlon couvert, et, aussitôt qu'elle entrera en ébullition, versez-y la fécule, que vous aurez délayée dans le reste de l'eau froide. Faites bouillir pendant quelques instants, et retirez du feu en continuant à remuer la masse.

Préparez de la même manière les cataplasmes de :

Poudre de riz,
Poudre d'amidon.

139. CATAPLASME RUBÉFIANT (Sinapisme).

℞ Farine de moutarde récente	200 grammes.
Eau tiède	Q. S.

Délayez la farine de moutarde dans l'eau, pour obtenir une masse de consistance de cataplasme.

Cette préparation doit être faite avec de l'eau froide ou à peine tiède, contrairement à l'usage habituel, qui consiste à se servir d'eau chaude et de vinaigre comme excipients : l'eau trop chaude et les acides ont la propriété de s'opposer à la formation de l'huile essentielle, qui constitue le principe âcre et rubéfiant de la moutarde.

LAVEMENTS.

140. LAVEMENT AMYLACÉ.

℞ Amidon	15 grammes.
Eau	500 grammes.

Délayez l'amidon dans cent grammes d'eau froide ; faites chauffer le reste du liquide, et versez-le bouillant sur le mélange de l'amidon et de l'eau, en agitant quelques instants.

141. LAVEMENT ANODIN DES PEINTRES.

℞ Huile de noix	190 grammes.
Vin rouge	375 grammes.

Mêlez. (Traitement des frères de la Charité.)

142. LAVEMENT ÉMOLLIENT.

℞ Espèces émollientes	30 grammes.

Faites bouillir pendant dix minutes dans une quantité d'eau suffisante pour obtenir un demi-litre de produit et passez.

143. LAVEMENT GÉLATINEUX.

℞ Colle de Flandre	15 grammes.
Eau commune	500 grammes.

Faites dissoudre à chaud.

144. LAVEMENT HUILEUX.

℞ Lavement émollient	N° 1
Huile blanche	60 grammes.

Mêlez.

145. LAVEMENT D'HUILE DE RICIN.

℞ Huile de ricin	20 grammes.
Jaune d'œuf	N° 1

Mêlez et émulsionnez dans :

Décoction de graine de lin	500 grammes.

146. LAVEMENT LAXATIF.

℞ Mellite de mercuriale	100 grammes.
Eau	400 grammes.

Mêlez.

147. LAVEMENT DE LIN.

℞ Semences de lin	15 grammes.

Faites bouillir pendant un quart d'heure dans une quantité d'eau suffisante pour obtenir un demi-litre de produit et passez.

148. LAVEMENT DE PAVOT.

℞ Capsules de pavot	20 grammes.
Eau bouillante	500 grammes.

Ouvrez les capsules de pavot, rejetez les semences et divisez le péricarpe en petites parties ; versez dessus l'eau bouillante, laissez infuser pendant deux heures, et passez.

149. LAVEMENT DE PERCHLORURE DE FER.

℞ Solution normale de perchlorure de fer.........	2 grammes.
Eau...	500 grammes.

Mêlez.

150. LAVEMENT PURGATIF.

℞ Feuilles de séné...........................	15 grammes.
Sulfate de soude............................	15 grammes.
Eau bouillante..............................	500 grammes.

Faites infuser le séné dans l'eau pendant une heure, passez et faites dissoudre le sulfate de soude.

151. LAVEMENT PURGATIF DES PEINTRES (Traitement de la Charité).

℞ Électuaire diaphœnix......................	30 grammes.
Poudre de jalap............................	4 grammes.
Feuilles de séné...........................	8 grammes.
Sirop de nerprun...........................	30 grammes.
Eau bouillante.............................	500 grammes.

Préparez une infusion avec le séné; ajoutez-y le sirop, la poudre de jalap et le diaphœnix.

152. LAVEMENT SAVONNEUX.

℞ Savon blanc...............................	8 grammes.
Eau..	500 grammes.

Faites dissoudre à chaud.

153. LAVEMENT DE SON.

℞ Son.......................................	60 grammes.
Eau..	625 grammes.

Faites bouillir pendant quelques minutes et passez avec expression.

154. LAVEMENT DE TABAC.

℞ Tabac....................................	2 grammes.
Eau....................................	500 grammes.

Faites infuser pendant une demi-heure.

GARGARISMES.

155. GARGARISME ADOUCISSANT.

℞ Racine de guimauve..........................	8 grammes.
Sirop de miel..............................	30 grammes.

Concassez la racine, faites-la bouillir pendant quelques instants dans suffisante quantité d'eau pour avoir deux cents grammes de décoction, passez la liqueur et ajoutez-y le sirop de miel.

156. GARGARISME ANTISCORBUTIQUE.

℞ Espèces amères............................	2 grammes.
Eau bouillante..............................	250 grammes.
Sirop de miel...............................	30 grammes.
Teinture antiscorbutique......................	30 grammes.

Faites infuser les espèces amères dans l'eau pendant une heure; passez et ajoutez le sirop de miel et la teinture antiscorbutique.

157. GARGARISME ASTRINGENT.

℞ Pétales secs de roses rouges..................	10 grammes.
Eau bouillante..............................	250 grammes.
Alun....................................	4 grammes.
Miel rosat.................................	50 grammes.

Versez l'eau bouillante sur les pétales de roses, laissez infuser pendant une demi-heure. Passez avec expression à travers une étamine; dissolvez l'alun dans le produit de l'infusion, et ajoutez le miel rosat.

158. GARGARISME BORATÉ.

℞ Borate de soude (Borax)	8 grammes.
Gargarisme émollient	N° 1

Faites dissoudre.

159. GARGARISME DE CHLORATE DE POTASSE.

℞ Chlorate de potasse	10 grammes.
Eau distillée	250 grammes.
Miel rosat	60 grammes.

Faites dissoudre le chlorate de potasse dans l'eau, filtrez et ajoutez le mellite à la liqueur.

160. GARGARISME DÉTERSIF.

℞ Gargarisme au miel rosat	N° 1
Alcool sulfurique	1 gramme.

Mêlez.

161. GARGARISME OXYMELLÉ.

℞ Orge entier	5 grammes.
Oxymel simple	30 grammes.
Eau commune	S. Q.

Préparez selon l'art deux cents grammes d'eau d'orge, avec laquelle vous mélangerez l'oxymel simple.

162. GARGARISME DE MIEL ROSAT.

℞ Orge entier	5 grammes.
Miel rosat	30 grammes.

Faites bouillir l'orge dans suffisante quantité d'eau, jusqu'à ce qu'il soit crevé, pour obtenir deux cents grammes de liqueur ; passez et ajoutez le miel rosat.

163. GARGARISME DE PERCHLORURE DE FER.

℞ Perchlorure de fer (solution normale)	5	grammes.
Eau	300	grammes.

LOTIONS, FOMENTATIONS, INJECTIONS, SOLUTIONS.

Les mêmes liqueurs sont souvent employées sous ces diverses dénominations suivant le mode d'emploi auquel on les destine.

164. LIQUEUR DE VILATTE.

℞ Sous-acétate de plomb liquide	120	grammes.
Sulfate de zinc	60	grammes.
Sulfate de cuivre	60	grammes.
Vinaigre blanc	800	grammes.

Mélangez et agitez.

165. LOTION D'ACÉTATE DE PLOMB BASIQUE (EAU VÉGÉTO-MINÉRALE).

℞ Sous-acétate de plomb liquide	15	grammes.
Eau commune	1000	grammes.

Mêlez.

166. LOTION AMMONIACALE CAMPHRÉE (EAU SÉDATIVE).

℞ Ammoniaque liquide à 0,92 (densit.)	60	grammes.
Alcool camphré	10	grammes.
Chlorure de sodium	60	grammes.
Eau distillée	1000	grammes.

Faites dissoudre le sel dans l'eau, filtrez; ajoutez l'alcool camphré, puis l'ammoniaque.

On agitera chaque fois au moment du besoin.

167. LOTION DE BORAX.

℞ Borate de soude pulvérisé (Borax)	60 grammes.
Eau chaude	1000 grammes.

Faites dissoudre et filtrez.

168. LOTION DE CARBONATE DE POTASSE (LOTION ALCALINE).

℞ Carbonate de potasse	125 grammes.
Eau	1000 grammes.

Faites dissoudre et filtrez.

169. LOTION DE CARBONATE DE SOUDE.

℞ Sel de soude du commerce	125 grammes.
Eau	1000 grammes.

Dissolvez et filtrez.

170. LOTION DÉSINFECTANTE.

℞ Permanganate de potasse cristallisé	1 gramme.
Eau	1000 grammes.

Faites dissoudre le sel au moyen de l'eau dans un flacon de verre fermant à l'émeri.

171. LOTION HÉMOSTATIQUE DE PERCHLORURE DE FER.

℞ Solution normale de perchlorure de fer	100 grammes.
Eau	1000 grammes.

Mêlez.

172. LOTION AVEC LE QUINQUINA.

℞ Ecorce de quinquina gris concassée............	30 grammes.

Faites bouillir pendant une heure avec une quantité d'eau suffisante pour obtenir un litre de produit, et passez la solution chaude.

173. LOTION SAVONNEUSE.

℞ Savon blanc du commerce....................	60 grammes.
Eau....................................	1000 grammes.

Faites dissoudre à chaud.

174. LOTION SULFURÉE.

℞ Trisulfure de potassium solide................	20 grammes.
Eau distillée...............................	1000 grammes.

Faites dissoudre et filtrez.

175. LOTION OU INJECTION DE TAN.

℞ Tan....................................	60 grammes.
Eau bouillante............................	1000 grammes.

Faites infuser pendant deux heures et passez.

176. LOTION VINAIGRÉE.

℞ Vinaigre blanc............................	250 grammes.
Eau froide..............................	1000 grammes.

Mêlez.

177. LOTION OU FOMENTATION VINEUSE.

℞ Vin rouge..............................	1000 grammes.
Miel....................................	125 grammes.

Faites dissoudre à froid.

178. FOMENTATION ÉMOLLIENTE.

℞ Espèces émollientes........................ 30 grammes.

Faites bouillir pendant dix minutes dans une quantité d'eau suffisante pour qu'il reste un litre de liqueur, et passez.

179. FOMENTATION DE GUIMAUVE.

℞ Racine de guimauve contuse.................. 30 grammes.

Faites bouillir pendant une demi-heure avec une quantité d'eau suffisante pour qu'il reste un litre de liquide, et passez.

180. FOMENTATION DE LIN.

℞ Semences de lin............................ 15 grammes.

Faites bouillir pendant un quart d'heure dans une quantité d'eau suffisante pour qu'il reste un litre de liquide, et passez.

181. FOMENTATION AVEC LA MORELLE ET LE PAVOT.

℞ Feuilles sèches de morelle.................... 15 grammes.
Capsules de pavot........................... 15 grammes.
Eau bouillante............................. 1000 grammes.

Ouvrez les capsules de pavot, séparez-en les semences, coupez-les par morceaux et faites-les infuser dans l'eau pendant une heure en même temps que les feuilles de morelle ; passez avec expression.

182. FOMENTATION NARCOTIQUE.

℞ Espèces narcotiques.......................... 30 grammes.
Eau.. 1000 grammes.

Faites infuser pendant deux heures, passez.

On prépare de même les fomentations et injections avec :

Les feuilles de belladone.
» de jusquiame.
» de morelle.
» de stramonium.
Espèces aromatiques.

183. FOMENTATION OU LOTION NARCOTIQUE OPIACÉE.

℞ Opium brut	8 grammes.
Eau bouillante	1000 grammes

Réduisez l'opium en poudre grossière, versez dessus l'eau bouillante et laissez infuser pendant deux heures, en ayant le soin d'agiter de temps en temps, passez; laissez déposer et décantez.

184. FOMENTATION DE FEUILLES DE NOYER.

℞ Feuilles de noyer	30 grammes.
Eau bouillante	1000 grammes.

Faites infuser une heure et passez.

185. FOMENTATION DE PAVOT.

℞ Capsules de pavot	30 grammes.
Eau	1000 grammes.

Ouvrez les capsules, brisez-les, après avoir rejeté les semences, faites infuser pendant deux heures, et passez.

186. FOMENTATION DE SUREAU.

℞ Fleurs de sureau	10 grammes.
Eau bouillante	1000 grammes.

Faites infuser et passez.

187. SOLUTION ALCOOLIQUE D'ACIDE PHÉNIQUE.

℞ Acide phénique............................	10 grammes.
Alcool à 90° centés........................	90 grammes.

Faites dissoudre.

188. SOLUTION AQUEUSE D'ACIDE PHÉNIQUE.

℞ Acide phénique............................	10 grammes.
Eau...	990 grammes.

Faites dissoudre.

189. SOLUTION D'ARSÉNIATE DE SOUDE (LIQUEUR DE PEARSON).

℞ Arséniate de soude cristallisé..................	0,05 centigr.
Eau distillée..............................	30 grammes.

Dissolvez et filtrez.

190. SOLUTION D'ARSÉNITE DE POTASSE (LIQUEUR DE FOWLER).

℞ Acide arsénieux..........................	5 grammes.
Carbonate de potasse.......................	5 grammes.
Eau distillée..............................	500 grammes.
Alcoolat de mélisse composé................	15 grammes.

Réduisez l'acide arsénieux en poudre. Mêlez-le avec le carbonate de potasse, et faites bouillir dans un ballon de verre, jusqu'à ce que l'acide arsénieux soit dissous complétement. Ajoutez l'alcoolat de mélisse à la liqueur quand elle sera refroidie ; remettez une quantité d'eau suffisante pour que le tout représente exactement 500 grammes, et filtrez. Vous aurez de cette manière une liqueur qui contiendra un centième de son poids d'acide arsénieux, à l'état d'arsénite de potasse.

191. SOLUTION DE DEUTOCHLORURE DE MERCURE (LIQUEUR DE VANSWIETEN).

℞ Deutochlorure de mercure....................	1 gramme.
Eau distillée................................	900 grammes.
Alcool à 80° centés..........................	100 grammes.

Dissolvez le deutochlorure de mercure dans l'alcool ; ajoutez ensuite l'eau distillée. Cette solution contient un millième de son poids de deutochlorure de mercure (sublimé corrosif).

192. SOLUTION IODURÉE POUR BOISSON.

℞ Iode....................................	0,20 centigr.
Iodure de potassium.........................	0,40 centigr.
Eau distillée...............................	1000 grammes.

Triturez l'iode et l'iodure de potassium dans un mortier de verre ou de porcelaine, et ajoutez peu à peu l'eau distillée.

50 grammes de liqueur contiennent un centigramme d'iode.

193. SOLUTION IODURÉE CAUSTIQUE.

℞ Iode....................................	12 grammes.
Iodure de potassium.........................	12 grammes.
Eau distillée...............................	24 grammes.

Faites dissoudre en triturant dans un mortier de verre.

194. SOLUTION IODURÉE RUBÉFIANTE.

℞ Iode....................................	4 grammes.
Iodure de potassium.........................	8 grammes.
Eau distillée...............................	48 grammes.

Faites dissoudre par trituration dans un mortier de verre.

195. SOLUTION MYDRIATIQUE (FORTE).

℞ Sulfate d'atropine	0,20 centigr.
Eau	10 grammes.

Cette solution s'emploie à la dose de une à deux gouttes en instillation dans l'œil.

196. SOLUTION ALCALINE DITE DE VICHY.

℞ Bicarbonate de soude	80 grammes.
Chlorure de sodium	2 grammes.
Sulfate de magnésie	2 grammes.
Sulfate de soude	2 grammes.
Tartrate de potasse et de fer	0,20 centigr.
Eau distillée	900 grammes.

Faites dissoudre et filtrez.

En mettant 50 grammes de cette solution dans une bouteille à eaux minérales et finissant de la remplir d'eau gazeuse, on obtient une boisson dite *Eau de Vichy artificielle*.

Chaque bouteille renferme les éléments de:

℞ Bicarbonate de soude	4 grammes.
Chlorure de sodium	0,10 centigr.
Sulfate de magnésie	0,10 centigr.
Sulfate de soude	0,10 centigr.
Tartrate de potasse et de fer	0,01 centigr.

197. SOLUTION VALÉRIANIQUE (VALÉRIANATE D'AMMONIAQUE LIQUIDE).

℞ Acide valérianique	20 grammes.
Carbonate d'ammoniaque	20 grammes.
Extrait alcoolique de valériane	20 grammes.
Eau distillée	1000 grammes.

Dissolvez l'extrait dans environ 100 grammes d'eau, d'autre part, saturez l'acide étendu d'une petite quantité d'eau distillée par le carbonate d'ammoniaque concassé. Lorsque le dégagement de gaz aura cessé, mêlez les deux liquides, complétez le poids de 1,000 grammes avec le reste de l'eau, et filtrez.

50 grammes de cette solution équivalent à
1 gramme d'extrait de valériane et à
1 gramme de valérianate d'ammoniaque cristallisé.

198. INJECTION D'ACÉTATE NEUTRE DE PLOMB (VÉNÉRIENS).

℞ Acétate de plomb neutre cristallisé............	2 grammes.
Eau distillée.............................	200 grammes.

Dissolvez et filtrez.

199. INJECTION IODÉE (VELPEAU).

℞ Teinture d'iode récente.....................	100 grammes.
Eau tiède.................................	200 grammes.

Mêlez et filtrez.

200. INJECTION D'IODURE DE POTASSIUM IODÉ.

℞ Iode......................................	5 grammes.
Iodure de potassium........................	5 grammes.
Alcool à 90° centés........................	50 grammes.
Eau distillée..............................	100 grammes.

Dissolvez l'iode et l'iodure dans l'eau, et ajoutez l'alcool à la liqueur.

201. INJECTION DE SULFATE DE ZINC LAUDANISÉE.

℞ Sulfate de zinc...........................	1 gramme.
Eau distillée..............................	150 grammes.
Laudanum liquide de Sydenham...............	2 grammes.

Dissolvez le sulfate de zinc dans l'eau distillée, et ajoutez le laudanum.

202. INJECTION VINEUSE DE ROSES ROUGES.

℞ Roses de Provins	60 grammes.
Vin rouge	1000 grammes.

Mettez le vin dans un vase couvert, avec les roses, et chauffez jusqu'à une température voisine de l'ébullition ; retirez du feu, laissez infuser pendant une heure et passez avec forte expression.

A cette préparation, on ajoute souvent soixante à deux cent cinquante grammes d'alcool, suivant la prescription.

BAINS.

203. BAIN ACIDE.

℞ Acide chlorhydrique	1000 grammes.
Eau tiède	Q. S.

Mêlez. (Baignoire de bois.)

204. BAIN ALCALIN.

℞ Carbonate de soude	250 grammes.

Pour un bain.

205. BAIN D'AMIDON.

℞ Fécule de pomme de terre	500 grammes.
Eau	6000 grammes.

Délayez la fécule dans l'eau de manière à produire un lait homogène. D'autre part chauffez à l'ébullition une quantité d'eau égale à celle qui est mélangée à la fécule, versez-y peu à peu le mélange de fécule et d'eau, et ajoutez le tout à l'eau du bain.

206. BAIN AROMATIQUE.

℞ Espèces aromatiques........................	1000 grammes.
Eau bouillante..............................	12000 grammes.

Faites infuser pendant une heure, passez et mélangez avec l'eau du bain.

207. BAIN DE BARÉGES.

℞ Monosulfure de sodium cristallisé............	60 grammes.
Chlorure de sodium sec......................	60 grammes.
Carbonate de soude sec......................	30 grammes.

Mêlez et renfermez dans un flacon. Cette dose est pour un bain (baignoire de bois).

208. BAIN GÉLATINEUX.

℞ Gélatine concassée..........................	500 grammes.

Faites tremper la gélatine dans deux litres d'eau froide pendant une heure environ ; achevez la dissolution au moyen de la chaleur, et versez le liquide chaud dans l'eau du bain.

209. BAIN IODURÉ.

℞ Iode......................................	10 grammes.
Iodure de potassium.........................	20 grammes.
Eau...	250 grammes.

Faites dissoudre, et renfermez le liquide dans un flacon. Dose pour un bain qui sera pris dans une baignoire de bois.

210. BAIN DE PLOMBIÈRES.

℞ Carbonate de soude..........................	100 grammes.
Chlorure de sodium..........................	20 grammes.
Sulfate de soude............................	60 grammes.
Bicarbonate de soude........................	20 grammes.
Gélatine concassée..........................	100 grammes.

Mélangez les sels, et enfermez-les dans un flacon. Délivrez à part la gélatine.

Pour préparer le bain, on met tremper la gélatine dans 500 grammes d'eau froide pendant une heure environ. On achève la dissolution au moyen de la chaleur, et l'on verse successivement dans la baignoire la liqueur gélatineuse et les sels contenus dans le flacon.

211. BAIN SALIN AROMATIQUE.

℞ Carbonate de soude cristallisé	250 grammes.
Carbonate de chaux	10 grammes.
Chlorure de sodium	100 grammes.
Bromure de potassium	0,50 centigr.
Iodure de potassium	0,50 centigr.
Essence de lavande	1 gramme.
Essence de romarin	1 gramme.
Essence de thym	1 gramme.

Mélangez avec les essences les sels grossièrement pulvérisés, et enfermez-les dans un flacon.

Cette dose est pour un bain.

212. BAIN SAVONNEUX.

℞ Savon blanc	1000 grammes.
Eau	Q. S.

Faites dissoudre le savon à chaud dans cinq à six litres d'eau, et mélangez la dissolution avec l'eau du bain.

213. BAIN DE SEL MARIN.

℞ Sel marin	1000 grammes.
Eau	Q. S.

Faites dissoudre.

214. BAIN SINAPISÉ.

℞ Farine de moutarde........................	1000 grammes.
Eau tiède...................................	Q. S.

Introduisez la farine dans un sac de toile forte que vous placerez dans la baignoire et que vous malaxerez avec soin. La baignoire doit être couverte d'un drap pour protéger le visage du malade.

215. BAIN DE SON.

℞ Son.......................................	2000 grammes.
Eau bouillante............................	Q. S.

Faites bouillir le son pendant un quart d'heure dans une suffisante quantité d'eau, passez et mélangez avec l'eau destinée au bain.

216 BAIN DE SUBLIMÉ CORROSIF.

℞ Deutochlorure de mercure (sublimé corrosif)....	20 grammes.
Alcool à 90° centés........................	50 grammes.
Eau distillée................................	200 grammes.

Faites dissoudre, et renfermez le liquide dans un flacon que vous étiqueterez (papier orange) : *Solution pour bain de sublimé.*

On donnera ce bain dans une baignoire de bois.

217. BAIN DE SUBLIMÉ ET DE SEL AMMONIAC.

℞ Deutochlorure de mercure.....	15 grammes.
Sel ammoniac.............	15 grammes.
Eau.......................................	500 grammes.

Faites dissoudre les sels dans l'eau, et ajoutez la solution dans l'eau du bain.

Ce bain doit être donné dans une baignoire en bois.

218. BAIN SULFURÉ.

℞ Trisulfure de potassium solide.................. 100 grammes.

Concassez grossièrement le sulfure, et renfermez-le dans un flacon.

Pour un bain (baignoire de bois.)

219. BAIN SULFURO-GÉLATINEUX.

Trisulfure de potassium solide.................. 100 grammes.
Gélatine concassée.......................... 250 grammes.

Faites tremper la gélatine dans un litre d'eau froide pendant une heure environ ; achevez la dissolution à l'aide de la chaleur, et versez dans le bain auquel vous aurez ajouté préalablement le sulfure de potassium. (Baignoire de bois.)

220. BAIN DE VAPEUR AROMATIQUE.

℞ Espèces aromatiques........................ 60 grammes.

221. BAIN DE VICHY.

℞ Bicarbonate de soude........................ 500 grammes.

Pour un bain.

PÉDILUVES.

---

222. PÉDILUVE ACIDE.

℞ Acide chlorhydrique........................ 100 grammes.
Eau tiède.................................. 6000 grammes.

Mêlez pour un bain de pieds. Le bain devra être donné dans une terrine de grès ou dans un baquet de bois.

Le liquide doit baigner la cheville sans la dépasser.

223. PÉDILUVE ALCALIN.

℞ Sel de soude du commerce..................	125 grammes.
Eau chaude..................................	Q S.

Faites dissoudre.

224. PÉDILUVE SINAPISÉ.

℞ Farine de moutarde récente.................	150 grammes.
Eau tiède..................................	6000 grammes.

Pour un bain de pieds.

COLLYRES.

225. COLLYRE ANTIMYDRIATIQUE AU CALABAR.

℞ Extrait de calabar.........................	0,20 centigr.
Eau distillée..............................	20 grammes.

226. COLLYRE A L'ATROPINE.

℞ Sulfate d'atropine.........................	0,05 centigr.
Eau..	30 grammes.

227. COLLYRE ÉMOLLIENT.

℞ Graine de lin..............................	2 grammes.

Faites bouillir dans une quantité d'eau suffisante pour obtenir 125 grammes de liquide.

228. COLLYRE LAUDANISÉ SIMPLE.

℞ Laudanum de Sydenham.................... Nº 20 gouttes.
Eau.................................... 100 grammes.

229. COLLYRE AU NITRATE D'ARGENT.

℞ Nitrate d'argent cristallisé.................... 0,05 centigr.
Eau distillée.............................. 30 grammes.

Faites dissoudre.

230. COLLYRE OPIACÉ.

℞ Extrait d'opium.......... .... 0,20 centigr.
Eau distillée de rose......................... 100 grammes.

Faites dissoudre l'extrait dans l'eau de rose, et filtrez.

231. COLLYRE SEC AU CALOMEL.

℞ Calomel porphyrisé.......................... 10 grammes.
Sucre en poudre............................ 10 grammes.

Mêlez avec soin.

232. COLLYRE SEC A L'OXYDE DE ZINC.

℞ Oxyde de zinc.............................. 1 gramme.
Poudre de sucre............................ 15 grammes.

Mêlez.

233. COLLYRE AVEC LA PIERRE DIVINE.

℞ Pierre divine.............................. 0,40 centigr.
Eau distillée.............................. 100 grammes.

Faites dissoudre le mélange salin dans l'eau et filtrez.

234. COLLYRE RÉSOLUTIF.

℞ Eau de rose	125 grammes.
Sous-acétate de plomb liquide	4 grammes.
Alcoolat vulnéraire	8 grammes.

Mêlez.

235. COLLYRE SIMPLE.

℞ Eau de rose	125 grammes.

236. COLLYRE DE SULFATE DE CUIVRE.

℞ Sulfate de cuivre cristallisé	0,10 centigr.
Eau distillée	30 grammes.

Faites dissoudre.

237. COLLYRE DE SULFATE DE ZINC.

℞ Sulfate de zinc	0,15 centigr.
Eau distillée de rose	100 grammes.

Faites dissoudre le sel dans l'eau de rose, et filtrez la liqueur.

238. COLLYRE DE SULFATE DE ZINC LAUDANISÉ.

Même formule que le collyre de sulfate de zinc ; ajoutez 20 gouttes de laudanum de Sydenham.

GLYCÉRÉS.

239. GLYCÉRÉ D'AMIDON.

℞ Amidon pulvérisé........................ 10 grammes.
Glycérine................................ 150 grammes.

Mélangez les deux substances; faites-les chauffer dans une capsule de porcelaine à une chaleur ménagée, remuez continuellement avec une spatule, jusqu'à ce que la masse soit prise en gelée.

240. GLYCÉRÉ D'EXTRAIT DE BELLADONE.

℞ Extrait de belladone........................ 10 grammes.
Glycéré d'amidon........................ 100 grammes.

Ramollissez l'extrait avec une très-petite quantité d'eau, et mêlez-le avec soin au glycéré d'amidon.

Préparez de la même manière les glycérés d'extrait de ciguë, de jusquiame, d'opium, etc.

241. GLYCÉRÉ DE GOUDRON.

℞ Goudron purifié........................ 10 gramme.
Glycéré d'amidon........................ 30 grammes.

Mêlez avec soin.

242. GLYCÉRÉ D'IODURE DE POTASSIUM.

℞ Iodure de potassium........................ 4 grammes.
Glycéré d'amidon........................ 30 grammes.

Faites dissoudre l'iodure de potassium dans son poids d'eau, et ajoutez le glycéré d'amidon.

243. GLYCÉRÉ D'IODURE DE POTASSIUM IODÉ.

℞ Iodure de potassium........................	5 grammes.
Iode..	1 gramme.
Glycérine	40 grammes.

Faites dissoudre l'iode et l'iodure de potassium dans leur poids d'eau, et ajoutez la glycérine.

244. GLYCÉRÉ DE SOUFRE

℞ Soufre sublimé et lavé........................	10 grammes.
Glycéré d'amidon...........................	40 grammes.

Mêlez avec soin.

245. GLYCÉRÉ DE TANNIN.

℞ Tannin pulvérisé............................	10 grammes.
Glycéré d'amidon...........................	50 grammes.

Mêlez avec soin.

LINIMENTS.

—

246. LINIMENT AMMONIACAL.

℞ Huile blanche................................	45 grammes.
Ammoniaque liquide à 0,92 (densit.)...........	5 grammes

Mêlez dans une bouteille que vous tiendrez bouchée.

247. LINIMENT CAMPHRÉ.

℞ Huile blanche..	45 grammes.
Camphre..	5 grammes.

Triturez le camphre dans un mortier après addition de quelques gouttes d'alcool; lorsqu'il sera réduit en poudre, dissolvez-le au moyen de l'huile que vous ajouterez par petite quantité.

248. LINIMENT CHLOROFORMÉ.

℞ Huile blanche..	90 grammes.
Chloroforme..	10 grammes.

Mêlez et conservez dans un flacon bien bouché.

249. LINIMENT EXCITANT.

℞ Alcoolat de Fioraventi..............................	40 grammes.
Huile d'amandes douces............................	40 grammes.
Alcool camphré..	15 grammes.
Ammoniaque liquide à 0,92 (densit.)...........	5 grammes.

Mêlez dans un flacon que vous boucherez avec soin.

250. LINIMENT NARCOTIQUE.

℞ Baume tranquille....................................	45 grammes.
Laudanum de Sydenham............................	5 grammes.

Mêlez.

251. LINIMENT OLÉOBARYTIQUE.

℞ Eau de baryte saturée............................	100 grammes.
Huile d'amandes douces............................	100 grammes.

Introduisez les deux liquides dans un flacon que vous boucherez avec soin. Agitez vivement jusqu'à ce que le mélange prenne une consistance crémeuse.

Aucune séparation ne s'opère entre les deux liquides.

252. LINIMENT OLÉOCALCAIRE.

℞ Huile d'amandes douces	900 grammes.
Eau de chaux	100 grammes.

Agitez vivement les deux liquides, et versez le mélange dans un entonnoir dont vous aurez fermé la douille. Laissez en repos pendant quelques instants ; faites écouler l'eau accumulée à la partie inférieure, et recevez dans un flacon à large ouverture la masse crèmeuse qui seule doit être employée.

253. LINIMENT SAVONNEUX.

℞ Teinture de savon	50 grammes.
Huile d'amandes douces	5 grammes.
Alcool à 80° centés	45 grammes.

Mêlez par l'agitation, et conservez dans une bouteille bien bouchée.

254. LINIMENT SAVONNEUX CAMPHRÉ.

℞ Teinture de savon	50 grammes.
Huile d'amandes douces	5 grammes.
Alcool camphré	45 grammes.

Mêlez.

255. LINIMENT TÉRÉBENTHINÉ.

℞ Huile de camomille	50 grammes.
Essence de térébenthine	50 grammes.

Mêlez.

256. LINIMENT VOLATIL CAMPHRÉ.

℞ Huile camphrée	45 grammes.
Ammoniaque liquide à 0,92 (densit.)	5 grammes.

Mêlez dans une bouteille que vous tiendrez bouchée.

FUMIGATIONS.

257. FUMIGATION ALCOOLIQUE.

℞ Alcool à 90° centés	100 grammes.

258. FUMIGATION CHLORÉE (POUR DÉSINFECTION).

℞ Chlorure de chaux sec	500 grammes.
Acide chlorhydrique	1000 grammes.
Eau	3000 grammes.

Mélangez l'eau et l'acide dans une terrine en grès d'une capacité de 8 à 10 litres, et, au moment de sortir de la salle, projetez dans ce mélange le chlorure de chaux, préalablement renfermé dans un sachet de toile, dont l'ouverture sera soigneusement liée.

Ces quantités produisent environ 45 litres de chlore.

La note placée à l'article *Fumigation nitreuse* doit être consultée pour les fumigations chlorées.

259. FUMIGATION DE CINABRE.

℞ Cinabre	30 grammes.

260. FUMIGATION NITREUSE (POUR DÉSINFECTION).

℞ Tournure de cuivre	300 grammes.
Acide nitrique	1500 grammes.
Eau	2000 grammes.

Mélangez l'eau et l'acide dans une terrine en grès d'une capacité de 8 à 10 litres, et, au moment de sortir de la salle, projetez dans ce mélange la tournure de cuivre.

Ces quantités produisent environ 60 litres de gaz nitreux.

Nota. Avant de procéder à ces fumigations, il faut avoir soin de calfeutrer toutes les ouvertures de la salle, et principalement celles qui peuvent établir une communication dangereuse entre la localité soumise à la fumigation et les salles voisines.

Le nombre des terrines pourra être calculé d'après le nombre des lits, à raison d'une terrine pour chaque lit, ou pour un espace à peu près équivalent.

261. FUMIGATION DE SOUFRE.

℞ Soufre	30 grammes.

CAUSTIQUES.

262. SOLUTION CAUSTIQUE D'ACIDE CHROMIQUE.

℞ Acide chromique cristallisé	100 grammes.
Eau distillée	100 grammes.

La solution s'opère immédiatement par simple mélange. Le liquide marque 1,47 au densimètre, à la température de 15°.

263. CAUSTIQUE DE CANQUOIN.

℞ Chlorure de zinc...........................	0,50 centigr.
Farine de blé...............................	0,50 centigr.

Faites dissoudre le sel dans quantité suffisante d'eau distillée, en triturant dans un mortier de porcelaine ; ajoutez la farine, et faites une pâte serrée que vous étendrez en plaque.

Cette préparation doit être conservée dans un flacon bouché.

264. CAUSTIQUE DE VIENNE.

℞ Potasse caustique..........................	100 grammes.
Chaux vive..................................	100 grammes.

Faites selon l'art.

Lorsque l'on veut employer cette poudre caustique on la mélange avec une quantité d'alcool suffisante pour l'amener à la consistance de pâte molle, et l'on applique immédiatement celle-ci sur la partie qui doit être cautérisée.

265. CAUSTIQUE SULFO-SAFRANÉ (VELPEAU).

℞ Safran..................................	10 grammes.
Acide sulfurique concentré..................	Q. S.

Placez le safran dans un mortier de porcelaine et ajoutez goutte à goutte l'acide sulfurique. Triturez le mélange avec soin en ne versant de nouvel acide que lorsque le mélange sera homogène. Quand la masse aura pris une consistance pâteuse, introduisez-la dans un pot.

Cette préparation doit être faite quelques instants seulement avant le moment où le chirurgien va l'appliquer.

Pour 10 grammes de safran la proportion d'acide sulfurique varie entre 10 et 15 grammes, suivant l'indication du chirurgien qui désire avoir un médicament plus ou moins consistant.

266. CRAYONS ESCHAROTIQUES AU SULFATE DE CUIVRE.

℞ Sulfate de cuivre	100 grammes.
Alun	50 grammes.
Nitrate de potasse	50 grammes.

Réduisez en poudre très-fine les sels mélangés, faites-les fondre rapidement dans une capsule de porcelaine et coulez le liquide dans une lingotière graissée préalablement.

267. CRAYONS DE NITRATES D'ARGENT ET DE POTASSE.

℞ Nitrate d'argent cristallisé	100 grammes.
Nitrate de potasse	50 grammes.

Fondez ensemble les deux sels dans une capsule de porcelaine, et coulez-les dans une lingotière.

DISPOSITIONS RÉGLEMENTAIRES

CONCERNANT

LE SERVICE PHARMACEUTIQUE

DANS LES HOPITAUX ET HOSPICES

SOMMAIRE

PREMIÈRE PARTIE. — FONCTIONS ET DEVOIRS DES PHARMACIENS ET DES ÉLÈVES.

EXTRAITS DU RÈGLEMENT SUR LE SERVICE DE SANTÉ, APPROUVÉ LE 26 AOUT 1839.

DEUXIÈME PARTIE. — PRÉPARATION ET DISTRIBUTION DES MÉDICAMENTS

1° DÉLIVRANCE DE MÉDICAMENTS AUX EMPLOYÉS ET SERVITEURS LOGÉS DANS LES HÔPITAUX ET HOSPICES. (Circulaire du 8 juin 1850). — 2° DE LA PRÉPARATION ET DE LA DISTRIBUTION DES MÉDICAMENTS. (Arrêté du Conseil général des Hospices, du 30 juillet 1841. — Circulaire du 30 septembre 1850.) — 3° DES BONS EXCEPTIONNELS. (Décision du 4 janvier 1849.) — 4° INSTRUCTIONS RELATIVES AUX MÉDICAMENTS QUI SE DÉLIVRENT AU POIDS. (Décisions des 27 octobre, 10 décembre 1849 et 11 mars 1851.) — 5° FIXATION DES ALLOCATIONS DE SIROPS ÉDULCORANTS ET DE MIEL. (Arrêté du 6 août 1850.) — 6° FIXATION DES SUBSTANCES ET MÉDICAMENTS QUE LES ÉLÈVES DE GARDE PEUVENT PRESCRIRE DANS L'INTERVALLE DES VISITES. (Arrêté du 20 avril 1865.)

TROISIÈME PARTIE. — COMPTABILITÉ DE LA PHARMACIE CENTRALE ET DES PHARMACIES DES HOPITAUX ET HOSPICES.

1° INSTRUCTION SUR LA COMPTABILITÉ DE LA PHARMACIE CENTRALE ET DES PHARMACIES DES HÔPITAUX ET HOSPICES. (4 mai 1836.) — 2° ARRÊTÉ DU 29 AVRIL 1850, relatif à la comptabilité des Pharmacies. — 3° LISTE DES SUBSTANCES QUI DOIVENT FIGURER DANS LA COMPTABILITÉ DÉTAILLÉE DES PHARMACIES DES HÔPITAUX.

PREMIÈRE PARTIE

Fonctions et devoirs des Pharmaciens et des Élèves.

(Extraits du règlement sur le Service de Santé, approuvé le 26 août 1839.)

Le pharmacien en chef, outre la direction de la pharmacie centrale, a la surveillance et l'inspection sur toutes les pharmacies des hôpitaux et hospices et sur celles qui dépendent des secours à domicile (art. 48 du règlement).

Il fait, au moins tous les six mois, la visite de chacune de ces pharmacies, et il rend compte de ses inspections au Directeur de l'administration.

Le pharmacien en chef, les pharmaciens des hôpitaux et hospices, et les sœurs, dans les maisons où il n'est pas établi de pharmacien, sont chargés de la préparation des médicaments et de leur distribution, ainsi que de la comptabilité en matières, en se conformant aux instructions de l'administration.

Toutes les drogues et matières nécessaires pour le service des pharmacies des hôpitaux et hospices sont fournies par la Pharmacie centrale.

Les demandes de médicaments à la Pharmacie centrale sont dressées par les pharmaciens, visées par les directeurs et le chef de la division du Secrétariat.

Dans les établissements où il n'y a pas de pharmacien, ces demandes doivent être visées par un médecin de la Maison.

Dans les maisons où les sœurs sont chargées du service de la pharmacie, il ne peut être préparé que les objets suivants :

Tisanes, potions, petit lait, sucs, gargarismes, cataplasmes, liniments, eaux distillées, digestifs, eaux aromatiques.

Tous les autres médicaments sont préparés à la Pharmacie centrale (art. 49).

Le pharmacien en chef et les pharmaciens des hôpitaux et hospices sont tenus de résider dans l'établissement auquel ils sont attachés (art. 50).

Aucun d'eux ne peut avoir de pharmacie en ville, ni faire le commerce de drogues simples ou composées, ou de plantes médicinales, ni même y être intéressé directement ou indirectement (art. 51).

Les pharmaciens des hôpitaux et hospices ne peuvent se faire suppléer que pour cause de maladie et en vertu d'un congé accordé par le Directeur de l'administration (art. 52).

Les élèves en pharmacie des hôpitaux et hospices suivent, pour le traitement interne, toutes les visites des médecins et chirurgiens auxquels ils sont attachés.

Ils y tiennent le double du cahier de visite et en font le relevé, pour ce qui concerne les médicaments, conformément aux instructions données par l'administration (1).

---

(1) Art. 32 du même règlement. — Le cahier de visite est fait double.

Le premier double est tenu par un des élèves internes en médecine ou en chirurgie; le second par l'élève en pharmacie.

Dans les maisons où les sœurs sont chargées de la pharmacie, l'élève en pharmacie

Ils aident le pharmacien dans la préparation des médicaments, et ils sont chargés personnellement de la distribution de ces médicaments au lit de chaque malade, pour la partie qui doit être administrée aussitôt après la visite; ils remettent aux sœurs et surveillantes ou aux surveillants, les boissons ainsi que les médicaments à distribuer successivement dans le cours de la journée, avec indication écrite du mode d'administration de ceux des médicaments qui présentent quelque danger dans leur emploi.

---

est suppléé, pour la tenue du 2e cahier, par un élève externe en médecine ou en chirurgie.

Le premier des doubles est divisé par jours pairs et impairs, en sorte que le médecin puisse avoir sous les yeux celui de la veille et y trouver ses prescriptions.

L'autre double reste, jusqu'à la visite du lendemain, dans les mains, soit du pharmacien de la maison, soit de la sœur qui en fait les fonctions.

Les deux doubles contiennent l'un et l'autre les prescriptions des aliments, des secours chirurgicaux et des médicaments pour chaque malade; la mention des décès et des sorties effectuées; enfin les indications des sorties prescrites par les médecins ou chirurgiens, aux termes de l'article 13.

Ils portent de plus l'indication :

1° Des maladies sur lesquelles les médecins et chirurgiens prescrivent la tenue des observations, conformément à l'article 31;

2° Des médicaments qu'ils jugent devoir être administrés avec les précautions qui sont indiquées à l'article 77;

3° Des malades dont l'état peut exiger dans l'intervalle d'une visite à l'autre la modification des prescriptions (Voir l'article 59);

4° Des pansements considérés par les chefs de service comme importants, et qui, par ce motif, doivent à leur défaut être faits par les élèves internes.

Les cahiers de visite doivent être écrits lisiblement, sans autres abréviations que celles qui sont positivement reconnues par le Formulaire dont il est question à l'article 16.

Ils sont collationnés, au lit des malades, aussitôt après les prescriptions, par les deux élèves, et ils sont signés par le médecin ou chirurgien.

Les négligences qui seront apportées dans la tenue du cahier de visite et dans les relevés desdits cahiers, donneront lieu, suivant la gravité des fautes, à l'application de l'une des peines comprises dans l'article 94 du règlement (art. 32).

Aussitôt après la visite, il est procédé aux relevés des cahiers par les élèves qui les ont tenus et sous la responsabilité des internes ou des externes, dans les termes de l'article précédent. Ces relevés sont divisés en trois parties, savoir :

L'une pour les médicaments, une autre pour les aliments, et la dernière pour l'indication des malades qui doivent sortir.

La première est adressée sans délai à la pharmacie de l'établissement;

La seconde à l'économe ou à la sœur qui en fait les fonctions;

Et la troisième au directeur (art. 33).

Dans les hôpitaux d'enfants, les élèves en pharmacie sont chargés de faire aux sœurs elles-mêmes la remise des médicaments, en appelant successivement sur le cahier de visite les prescriptions relatives à chaque malade.

Enfin, ils assistent, lorsqu'ils sont désignés pour ce service, au traitement externe et aux consultations gratuites (art. 73).

Les élèves internes en pharmacie sont nommés pour deux ans ; mais à l'expiration de ce délai, pourront être appelés par le directeur de l'administration au bénéfice d'une 3e et d'une 4e année, ceux qui auront été jugés dignes de cette récompense par le jury du concours des prix et qui auront satisfait complètement, sous le rapport de l'assiduité et de la subordination, à toutes les obligations de leurs fonctions (art. 57).

L'élève en pharmacie qui a obtenu au concours la médaille d'argent, peut recevoir du Directeur de l'administration la faculté d'exercer ses fonctions pendant deux années au delà du terme fixé par le paragraphe précédent.

L'élève auquel cette faveur est accordée a le choix des places au commnceement de l'année (art. 92).

Les élèves en pharmacie sont tour à tour de garde pendant vingt-quatre heures; ils sont soumis aux obligations imposées aux élèves internes en médecine. En outre, ils ne peuvent s'absenter, pendant le temps de leur garde, sans le consentement du pharmacien de l'établissement (art. 74).

La prohibition imposée aux pharmaciens est également applicable aux élèves en pharmacie (art. 75).

Les élèves employés dans les hôpitaux et hospices, sont subordonnés, sous le rapport du service de santé, à leurs chefs respectifs, et, sous le rapport administratif et de la police intérieure, aux directeurs et économes; ils sont tenus de rendre compte aux directeurs, en l'absence des médecins, chirurgiens et pharmaciens, de tout ce qui peut survenir d'extraordinaire dans le service qui leur est confié (art. 79).

Aucun congé n'est accordé aux élèves que par décision du Directeur de l'administration.

La demande appuyée par le chef de service est remise au directeur de l'établissement, qui la transmet avec son avis à la division du secrétariat de l'administration. Cet avis doit exposer les motifs du congé demandé, les moyens de pourvoir au service et indiquer le lieu où l'élève se retire.

Le congé, avant d'être délivré, est enregistré et visé par le directeur de l'établissement.

La durée de ces congés ne peut excéder deux mois, y compris le temps des voyages, quelle que soit la distance du lieu où les élèves doivent se rendre.

Il ne sera accordé de congés aux élèves qu'autant que les deux tiers au moins des élèves titulaires seront présents dans l'établissement.

Si, à l'expiration du congé, l'élève n'est pas rentré, il sera considéré comme démissionnaire, à moins qu'il ne justifie des causes de son absence, et, dans ce dernier cas, la demande de prolongation devra être adressée à l'administration, huit jours au moins avant l'expiration du congé (art. 80).

Les suppléants des élèves internes en pharmacie, en cas de maladie ou d'absence autorisée par congé, seront indiqués par le pharmacien en chef, directeur de la Pharmacie centrale (art. 81).

Les traitements ou indemnités dont jouissent les élèves en congé sont alloués en totalité aux élèves remplaçants (art. 82).

Tout élève qui quitte son service sans autorisation est exclu définitivement de la place qu'il occupe, et il ne peut se présenter au concours qu'après un an d'intervalle, avec l'autorisation du Directeur de l'administration (art. 83).

Tous les élèves peuvent être également admis à tous les cours gratuits qui se font dans les hôpitaux et à l'amphithéâtre central d'anatomie (art. 87).

Tous les élèves sont tenus de prendre part chaque année au concours des prix, sous peine d'être considérés comme démissionnaires et comme tels d'être privés du droit de continuer leur service dans les hôpitaux (art. 115).

Le pharmacien en chef et les pharmaciens des hôpitaux et hospices (indépendamment de leur logement dans leurs établissements respectifs) reçoivent des traitements annuels.

Ils ont de plus droit à la pension de retraite dans les mêmes cas et sous les mêmes conditions que les autres employés de l'administration (art. 117).

Les élèves internes sont logés dans les établissements auxquels ils sont attachés; ils jouissent, en outre, d'un traitement annuel. Les élèves de garde sont nourris pendant la durée de ce service (art. 119).

Les traitements ou indemnités des élèves ne peuvent leur être payés que sur la production de certificats du pharmacien et du directeur de l'établissement constatant leur assiduité à tous les devoirs prescrits, leur bonne conduite et leur subordination.

Le directeur fera, à la fin de chaque mois, le dépouillement des certificats délivrés par les pharmaciens aux élèves.

Ce dépouillement servira de document au Directeur de l'administration pour prononcer sur la prolongation de deux années de plus de séjour dans les hôpitaux aux internes (art. 121).

DEUXIÈME PARTIE

1° — Délivrance de médicaments aux employés et serviteurs logés dans les Hôpitaux et Hospices.

(Circulaire du 8 juin 1850.)

Les employés, sous-employés et gens de service attachés aux hôpitaux et hospices et qui y sont logés, pourront recevoir, en état de maladie, les médicaments dans les cas et aux conditions qui vont être déterminées.

Les prescriptions seront faites par les médecins sédentaires, dans les maisons où il en existe, et, dans les autres établissements, par les médecins chefs de service. Ces prescriptions seront inscrites, chaque jour, à la suite de celles faites aux malades et sur le même cahier. Chaque visite sera close immédiatement par la signature du médecin, sans laquelle il ne pourrait être délivré de médicaments.

Pour toute personne traitée ailleurs qu'à l'infirmerie, la prescription indiquera, sous peine de nullité, le nom et la qualité de l'individu, la nature de sa maladie et la prescription médicamenteuse pour vingt-quatre heures seulement.

Les gens de service traités à l'infirmerie seront soumis au régime des malades traités dans ce service, et en conséquence, il ne pourra leur être accordé de boissons sucrées que conformément aux arrêtés sur les diètes et un quart.

Les médicaments prescrits aux employés et sous-employés ne seront délivrés qu'autant que toutes les formalités indiquées ci-dessus auront été remplies. Ils devront toujours être préparés à la pharmacie de l'établissement.

En cas d'urgence motivée, il pourra être délivré, dans les maisons dépourvues de médecins sédentaires, des médicaments urgents sur bon de l'élève de garde motivé, ainsi qu'il est dit plus haut, à la charge de les présenter au visa du médecin, lors de sa prochaine visite.

Les sirops, les citrons, le miel, la gomme, l'eau de fleur d'oranger et généralement toute substance ou denrée pouvant être employée dans une préparation quelconque, ne pourront, dans aucun cas, être délivrés en nature. (Arrêté du Conseil général des hospices du 8 novembre 1837.)

Les prescriptions de médicaments aux employés et gens de service traités ailleurs qu'à l'infirmerie doivent être faites sur bons individuels et journaliers indiquant, sous peine de nullité, le nom et la qualité du malade et la quantité de médicaments prescrite pour vingt-quatre-heures seulement.

En outre, ces bons, pour être valables, doivent être signés du médecin et visés par le directeur de l'établissement. (Circulaire du 8 juin 1850).

2° — De la préparation et de la distribution des médicaments.

(Arrêté du 30 juillet 1841.)

Le Conseil général des hospices,

Vu l'article 73 du règlement sur le service de santé;

Considérant que les dispositions dudit article n'ont pas toujours suffi pour prévenir toute méprise de la part des malades, sur l'usage qu'ils devaient faire, dans la journée, des médicaments laissés auprès d'eux;

Considérant qu'on peut craindre d'autre part quelques erreurs, même dans la distribution régulière des médicaments, quand une erreur ne dépend que d'une seule étiquette non collée, et qu'aucun signe ne distingue entre eux les vases qui contiennent les substances énergiques de ceux qui sont destinés aux tisanes ou potions ordinaires;

Qu'en raison de la gravité des conséquences que peut avoir la moindre inexactitude, il convient, en rappelant à chaque personne qui y concourt, l'importance des devoirs qui lui sont imposés, de prendre de nouvelles précautions contre tout danger qui serait à craindre;

Après en avoir délibéré, et sur le rapport de la Commission administrative;

ARRÊTE :

ART. 1er. A l'avenir, toute substance destinée à un usage externe, ou dont l'action comme médicament interne exige des précautions particulières, ne pourra être délivrée par MM. les pharmaciens des hôpitaux et hospices, que dans des vases ou dans un papier d'enveloppe d'une couleur déterminée et portant une étiquette collée.

ART. 2. Les vases de grès, les flacons *en verre noir* et les papiers teints en orange seront exclusivement réservés à cette destination.

ART. 3. Les tisanes, potions ordinaires etc., ne rentrant pas dans la désignation ci-dessus, ne pourront être données, les premières que dans des vases d'étain ou de faïence ; les secondes, que dans des fioles de verre ordinaire.

ART. 4. MM. les pharmaciens veilleront à ce que leurs élèves, aussitôt que les médicaments ont été portés dans les salles, fassent eux-mêmes, avec le secours des infirmiers, la distribution à chaque lit de tous les médicaments, potions et tisanes qui peuvent être laissés aux malades, et à ce qu'ils remettent aux religieuses ou surveillantes les substances qui ne devront être administrées que dans la journée, celles qui seront destinées à l'usage externe et celles dont l'administration pourrait présenter quelque danger, avec indication écrite du mode d'administration de ces dernières.

ART. 5. Chaque jour les surveillantes ou religieuses s'assureront si tous les médicaments prescrits ont été livrés; elles dresseront une liste de ceux qui auront été oubliés et attacheront cette liste au lit n° 1 ; chaque jour, à 3 heures, l'élève de garde ira relever les listes, consultera les cahiers de la pharmacie, s'entendra au besoin avec les sœurs et surveillantes et délivrera, s'il y a lieu, les médicaments réclamés; les listes seront remises chaque matin au pharmacien en chef.

ART. 6. Tout médicament qui n'aurait pu, par une circonstance quelconque, être employé par le malade, devra être rendu à la pharmacie; il est formellement interdit aux religieuses, ainsi qu'à toute surveillante ou infirmière, de conserver aucun médicament resté sans emploi.

ART. 7. MM. les médecins sont invités, en ce qui dépend d'eux, à assurer, autant que possible, l'exécution des présentes dispositions et à signaler toutes les infractions qu'ils auraient lieu de reconnaître. (Arrêté du 30 juillet 1841).

Circulaire du Directeur de l'administration à MM. les pharmaciens.

(30 septembre 1860.)

Aux termes de l'article 49 du règlement sur le service de santé, MM. les pharmaciens des hôpitaux et hospices sont chargés, dans leurs établissements, de la préparation des médicaments et de leur distribution ; ils sont aidés dans ces soins par les élèves en pharmacie.

L'article 73 du même règlement et l'arrêté du 30 juillet 1841 ont déterminé le concours que chacun devait apporter dans ces deux opérations.

Ainsi, aux pharmaciens appartient la préparation des médicaments, soit par eux-mêmes, soit par les élèves, sous leur direction immédiate, tandis que ces derniers sont personnellement chargés d'en faire la distribution au lit de chaque malade, pour la partie qui doit être administrée aussitôt après la visite, de même qu'ils doivent faire la remise aux sœurs ou surveillantes, des boissons et des médicaments à distribuer successivement dans le cours de la journée, en accompagnant cette remise de l'indication écrite du mode d'administration de ceux de ces médicaments qui présentent quelque danger. Les élèves en pharmacie sont encore tenus, lorsqu'ils sont de garde, de satisfaire aux prescriptions supplémentaires que peuvent nécessiter, après la visite, l'admission de nouveaux malades ou les changements survenus dans l'état de ceux qui ont été reçus antérieurement, comme aussi de relever chaque jour, à trois heures, dans les salles, les listes dressées par les sœurs, des médicaments oubliés.

Dans l'accomplissement de tous ces devoirs, les élèves sont placés sous la surveillance spéciale du pharmacien de leur maison.

Dans l'intérêt de la responsabilité qui pèse sur les pharmaciens des hôpitaux et hospices, cette surveillance ne saurait être de leur part ni trop active ni trop assidue. Aussi, tous les règlements, toutes les instructions, émanés de l'administration la leur ont-ils expressément recommandée;

cependant, il résulte des renseignements que j'ai recueillis qu'elle n'est pas exercée comme elle devrait l'être.

Tantôt les pharmaciens n'assistent pas aux préparations et abandonnent à leurs élèves ou même à des garçons de service le libre emploi des substances qu'ils mettent à leur disposition pour l'exécution des prescriptions inscrites aux cahiers de visite.

Tantôt ils ne veillent pas, comme le veut l'article 4 de l'arrêté du 30 juillet 1841, à ce que les élèves fassent eux-mêmes la remise, à chaque malade, des tisanes, potions, etc., qui doivent leur être délivrées aussitôt après la visite des médecins et chirurgiens.

D'autres ne tiennent pas la main à ce que les boissons et les médicaments qui ne doivent être pris par les malades que successivement, dans le cours de la journée, ne soient remis qu'aux sœurs ou aux surveillantes ou surveillants chargés de les distribuer.

Enfin, il en est qui croiraient outre-passer leurs pouvoirs ou paraître s'immiscer dans le traitement, s'ils allaient au lit des malades s'assurer que les médicaments sortis de lèur pharmacie sont bien arrivés à leur destination; comme si le contrôle qu'ils exerceraient en cette occasion, dans l'intérêt de leur responsabilité de comptable, pouvait avoir quelque chose de commun avec le traitement des malades; comme s'il ne devait pas être, au contraire, pour les médecins une garantie de l'exactitude apportée à l'exécution de leurs prescriptions; comme si, enfin, l'administration, en leur imposant cette responsabilité, pouvait leur refuser aucun des moyens d'en alléger le poids.

Ce n'est point ainsi, j'aime à le penser, Monsieur, que vous en agissez; mais j'ai cru devoir néanmoins appeler votre attention sur ces différentes irrégularités qui ne préjudicient pas moins à l'intérêt du service qu'à celui de nos finances.

En effet, l'absence du pharmacien, lors des préparations dans ses laboratoires, le défaut de surveillance, soit dans l'emploi des substances que réclame l'exécution des prescriptions, soit dans la distribution ou la remise qui doit en être faite par les élèves, rendent possible tous les abus et pourraient au besoin expliquer la progression croissante qui se fait remarquer dans la consommation des sirops édulcorants, des vins, des eaux gazeuses, etc.

L'observation pleine et entière des dispositions du règlement sur le service de santé et de l'arrêté du 30 juillet 1841, peut seule y mettre un terme. Je viens donc la rappeler à votre sérieuse attention.

Vous devrez, Monsieur, exiger de vos élèves et de toutes les personnes placées sous vos ordres qu'ils s'y conforment scrupuleusement; mais pour que vos recommandations soient efficaces, il importe que, le premier, vous donniez l'exemple du respect et de l'obéissance aux règles qui vous sont tracées à vous-même. Ainsi, votre présence à la pharmacie au moment des préparations est un devoir dont rien ne peut vous dispenser; aucune de ces préparations ne peut, ne doit se faire que par vos soins et sous vos yeux. Pénétrez-vous bien de l'importance de cette obligation; j'espère que vous n'y faillirez jamais. Transportez-vous ensuite dans les salles, veillez à ce que les élèves fassent bien leur service; vérifiez par vous-même si les boissons et les médicaments arrivent à leur destination; demandez au besoin l'assistance du directeur de votre maison pour vaincre les difficultés que vous pourriez rencontrer, qu'elles viennent ou des hommes ou des choses; et, si mon intervention vous est nécessaire, réclamez-la sans hésitation, elle ne vous fera jamais défaut.

C'est ainsi que nous parviendrons, sinon à restreindre les dépenses dans les limites aussi étroites que le commanderait l'état de nos finances, du moins à en atténuer l'extension abusive; il ne nous restera plus qu'à rechercher, en nous aidant des lumières du corps médical des hôpitaux, les moyens de réaliser, par quelques nouvelles modifications compatibles avec l'intérêt des malades, les économies qu'il est si désirable d'obtenir pour donner satisfaction aux justes réclamations du conseil de surveillance, de la commission municipale et de l'autorité supérieure.

Je compte sur votre zèle et sur un concours dévoué de votre part pour me seconder dans cette tâche.

Vous voudrez bien m'accuser réception de la présente circulaire. (Circulaire du 30 septembre 1860.)

Extraits d'une circulaire à MM. les directeurs des hôpitaux et hospices.

(30 septembre 1860.)

Le contrôle que vous (les directeurs) exercerez dans le but de vérifier si les médicaments, et notamment les vins, les eaux gazeuses, les potions, sont arrivés à leur destination, aidera à l'action de M. le pharmacien de votre établissement, tiendra chacun en éveil, donnera une nouvelle confiance aux malades, qui y verront un témoignage de la sollicitude de l'administration.

Vous aurez en même temps à rappeler aux sœurs ou surveillantes, chargées du service des salles, l'obligation pour elles d'être toujours présentes à la remise, par les élèves, des tisanes et médicaments dont la distribution est commise à leurs soins; vous veillerez à ce qu'elles s'assurent si tous les médicaments prescrits ont été livrés; à ce qu'elles dressent immédiatement la liste de ceux qui auraient été oubliés; à ce que cette liste soit relevée régulièrement à l'heure voulue par l'élève de garde.

Il sera bien aussi de vous faire rendre compte des motifs de ces oublis et d'en tenir note pour m'en donner communication, en même temps que vous me transmettrez votre rapport mensuel sur le service des élèves.

Vous veillerez enfin à l'exécution des diverses dispositions qui régissent le service pharmaceutique de votre établissement, en ce qui concerne tant le pharmacien que les élèves, les sœurs ou surveillantes, les infirmiers et les infirmières. (Extrait d'une circulaire du 30 septembre 1860.)

3° — Des bons exceptionnels.

(Décision du 4 juillet 1849.)

Les bons de médicaments que les élèves internes en médecine sont autorisés à délivrer exceptionnellement dans l'intervalle des visites, doivent être spéciaux et porter l'indication précise du malade auquel les médicaments ou préparations sont destinés. Ces bons doivent être présentés le lendemain au visa du chef de service.

Les bons exceptionnels qui seraient en nom collectif ou formulés d'une manière générale, ne sauraient être admis à la pharmacie. (Décision du 4 juillet 1849.)

4° — Instructions relatives aux médicaments qui se délivrent au poids.

(Décisions des 27 octobre, 10 décembre 1849 et 11 mars 1851.)

Les médicaments qui se délivrent au poids, tels que la pâte de lichen, l'huile de foie de morue, les vins de Bagnols, de Bordeaux et autres, doivent être indiqués sur les cahiers de visite pour le poids respectif de chaque prescription.

Les prescriptions pour lesquelles le poids ne serait pas indiqué ne seront pas admises dans le compte des pharmaciens. (Décisions des 27 octobre et 10 décembre 1849.)

Il en sera de même pour le sparadrap, dont la dépense devra être indiquée au poids et non à la bande ou au nombre. (Décision du 11 mars 1851.)

5° — Fixation des allocations de sirops édulcorants et de miel.

(Arrêté du 6 août 1850.)

Le Directeur de l'administration,

Vu les arrêtés du Conseil général des hospices des 23 octobre 1816, 14 novembre 1832, 9 janvier 1833, 12 octobre et 28 décembre 1836, 9 juin 1841 et 9 juillet 1845, qui ont fixé successivement les quantités de sirops et de miel à allouer aux malades ;

Vu l'avis de la commission qui avait été nommée pour examiner la question de savoir s'il n'y aurait pas lieu de réduire ces allocations, laquelle commission se composait de deux inspecteurs de l'administration, du directeur de la Pharmacie centrale, de plusieurs médecins et d'un pharmacien des hôpitaux et hospices;

Vu l'avis du conseil de surveillance du 1er août, présent mois ;

S'en référant aux motifs exprimés dans son rapport au Conseil de surveillance et dans l'avis de ce conseil,

Arrête :

Art. 1er. Les allocations de sirops édulcorants et de miel sont réglées ainsi qu'il suit :

1° La quantité de sirop ou de miel accordée tant pour édulcorer les tisanes que pour la préparation des potions, mixtures, juleps, etc., mise chaque jour à la disposition des médecins et chirurgiens pour être ordonnée et répartie entre tous les malades confiés à leurs soins, selon qu'ils le jugeront convenable, sera calculée dans chaque service, sur le nombre des malades auxquels ils auront prescrit, chaque matin, la diète ou une portion d'aliments, savoir : à raison de 120 grammes par chaque malade dans les hôpitaux et hospices, et à raison de 150 grammes pour les malades traités dans les cliniques des divers hôpitaux et dans les servic d'accouchement.

2° Les quantités accordées ci-dessus seront spéciales à chaque journée et à chaque service ; en conséquence, elles ne pourront être dépassées dans aucun cas, quand bien même elles n'auraient pas été employées en totalité dans les journées précédentes ou dans d'autres services.

3° Les sirops ou le miel accordés pour l'édulcoration des tisanes et autres préparations ne seront dans aucun cas délivrés en nature dans les salles ; les préparations et les mélanges s'effectueront à la pharmacie de chaque établissement.

4° Les sirops, miels et oxymels composés, désignés dans l'arrêté du Conseil du 9 janvier 1833, à l'exception toutefois du sirop des cinq racines, qui demeure classé dans les sirops édulcorants, conformément à l'arrêté du 9 juillet 1845, pourront être prescrits par MM. les médecins et chirurgiens, en sus des quantités fixées par le présent arrêté.

Art. 2. Sont maintenues les dispositions de l'arrêté du 9 juillet 1845, portant qu'il pourra être accordé chaque jour, pour six infirmes, dans la section des incurables de la Salpêtrière, un pot de tisane édulcorée au sirop de sucre, d'après les prescriptions des médecins, et que MM. les médecins chargés du service des épileptiques et des aliénés, dans le même hospice, sont également autorisés à faire édulcorer au sirop de sucre des tisanes dans la proportion d'un pot pour vingt malades.

Art. 4. Il n'est rien changé, quant à présent, pour la distribution des sirops et du miel, aux usages actuellement suivis, tant à la Maison de santé et à Sainte-Périne, que dans les services d'enfants. (Arrêté du 6 août 1850, approuvé par M. le Préfet de la Seine le 13 août.)

6° — Fixation des substances et médicaments que les élèves de garde peuvent prescrire dans l'intervalle des visites.

(Arrêté du 20 avril 1865.)

Le Directeur de l'admini stration,

Vu l'article 68 du règlement sur le service de santé, qui dispose :

« Les médicaments prescrits par l'élève de garde pour les malades ad-
« mis dans l'intervalle d'une visite à l'autre, et pour les malades indiqués

« dans les cahiers de visite seront délivrés par le pharmacien, sur des « bons signés de l'élève. Ces bons seront présentés au chef de service, le « lendemain, à sa visite, et mentionnés sur le cahier » ;

Vu l'arrêté du 21 juin 1837 qui établit, dans les termes suivants, pour quels cas et dans quelle forme les médicaments doivent être demandés par l'élève de garde, en dehors des visites du chef de service :

« Art. 1er. Les prescriptions aux malades entrés dans l'intervalle d'une « visite à l'autre, et les changements apportés dans le même intervalle, « par l'élève de garde, aux prescriptions des médecins et chirurgiens, ne « peuvent avoir lieu que dans ces cas et pour des médicaments d'urgence, « et à la charge d'en rendre compte au chef de service, dès le commence- « ment de la première visite.

« Art. 2. Les malades entrants et les malades déjà admis, à qui le mé- « decin n'aurait pas prescrit le matin de la tisane sucrée, ne recevront, « dans l'intervalle d'une visite à l'autre, que de la tisane commune, édul- « corée avec la réglisse. Cependant, si, dans un cas urgent, il devenait « indispensable de délivrer à quelques-uns de ces malades un médicament « adoucissant, l'élève de garde pourrait ordonner un looch ou une potion.

« Art. 3. Les bons délivrés pour les prescriptions d'urgence devront « être motivés et indiquer, sous peine de nullité, le nom de la salle, le « numéro du lit du malade, la maladie et la circonstance qui motivent la « prescription. Ces bons porteront, suivant le cas, pour inscriptions : « Malades entrants ou changement de prescriptions. Ils seront soumis le « lendemain au visa approbatif du médecin de service » ;

Considérant que les arrêtés et règlements susvisés ne déterminent pas quels sont les médicaments dont, en l'absence du chef de service, l'élève de garde pourra ordonner la délivrance, et qu'il importe d'en établir la nomenclature ;

Sur le rapport présenté au nom de la Commission médicale, instituée par arrêté du 9 mars 1865, à l'effet de dresser la liste de ces médicaments,

Arrête :

Art. 1er. Les médicaments et substances que les élèves de garde pourront, dans l'intervalle des visites des chefs de service, prescrire d'urgence, sont les suivants :

Acétate d'ammoniaque.

Acide tartrique.
Alun.
Alun calciné.
Ammoniaque liquide.
Asa fœtida.
Calomel.
Chlorhydrate de morphine.
Eau distillée de laurier-cerise.
Émétique.
Ergot de seigle.
Éther sulfurique.
Extrait de belladone.
Extrait gommeux d'opium.
Huile blanche.
Huile de croton.
Julep diacodé.
Julep opiacé.
Julep gommeux.
Kermès minéral.
Laudanum de Sydenham.
Lavement purgatif du Codex.
Liniment oléocalcaire.
Liqueur de Labarraque.
Magnésie calcinée, hydratée.
Nitrate d'argent cristallisé.
Perchlorure de fer (solution normale).
Permanganate de potasse (id.).
Pommade mercurielle.
Poudre d'ipeca.
Sirop de morphine.
Sous-nitrate de bismuth.
Sulfate d'atropine (solution à 1/100).
Sulfate de quinine.
Sulfate de soude.
Sulfure de fer hydraté.
Tannin.
Teinture de cannelle.
Teinture alcoolique de digitale.
Teinture d'iode.

Vin cordial ainsi composé :

Teinture de cannelle..	10 grammes.
Vin rouge.....	90 —
	100 grammes.

avec lequel on composera une potion cordiale formulée comme suit :

Vin cordial.............	120 grammes.
Sirop d'écorce d'orange..............................	30 —
	150 grammes.

La délivrance de ces médicaments sera faite sur la présentation de bons établis dans la forme indiquée à l'article 3 de l'arrêté du 21 juin 1837, susvisé.

Art. 2. Il n'est rien changé aux dispositions de l'article 2 de l'arrêté du 21 juin 1837, en ce qui concerne la délivrance de sirop de sucre aux malades entrants.

Art. 3. Les bocaux ou flacons contenant lesdites substances seront enfermés dans une armoire spécialement destinée aux premiers secours et dont la clef sera confiée tour à tour à chaque élève en pharmacie de garde. (Arrêté du 20 avril 1865.)

TROISIÈME PARTIE

1° — Instruction sur la comptabilité de la Pharmacie centrale et des Pharmacies des Hôpitaux et Hospices.

(Arrêté du 4 mai 1836.)

Le Conseil général des hospices,

Vu l'article 5 de l'arrêté réglementaire sur la tenue des écritures et la formation des comptes en matières, approuvé par le ministre, le 14 février 1834, ainsi conçu :

« Les pharmaciens des établissements et le chef des magasins de la « pharmacie centrale sont comptables et responsables en matières, et sont « chargés de toutes les écritures relatives aux pharmacies. Dans les éta- « blissements où le service de la pharmacie est confié aux sœurs, les « comptes sont rendus par l'agent ou l'économe comptable » ;

Arrête :

Art. 1er. — Les écritures relatives à la comptabilité de la Pharmacie centrale, pour ce qui concerne les drogues, médicaments et ustensiles livrés aux établissements hospitaliers, et celles relatives à la comptabilité des pharmacies des hôpitaux et hospices, seront tenues, à l'avenir, de la manière suivante :

8

PHARMACIE CENTRALE.

Art. 2. Un journal général de *recette* servira à inscrire les substances et ustensiles reçus à divers titres, pour être livrés aux hôpitaux, hospices et autres établissements, ou employés à la préparation des médicaments composés à la Pharmacie centrale ; ces recettes auront lieu sur ce registre en nature seulement.

Art. 3. Il sera tenu un *journal spécial des préparations chimiques, pharmaceutiques et autres*.

Chaque préparation recevra dans ce journal un numéro d'ordre ; on indiquera la nature et la quantité des substances employées, ainsi que la nature et la quantité des nouveaux produits.

Les substances, médicaments, vases et ustensiles employés pour essais, cours et expériences divers faits par le directeur de la Pharmacie centrale pour le service de l'établissement, seront inscrits sur ce registre.

Ce journal, par sa destination, est en même temps journal de recette et de dépense.

Art. 4. Un *brouillard* de ce registre sera tenu, comme minute, dans le laboratoire, par les soins du directeur de l'établissement. Ce livre sera, quant aux quantités, en tout pareil au précédent, auquel il servira de contrôle ou de moyen de comparaison.

Les substances nécessaires à la composition des médicaments préparés dans les laboratoires seront délivrées par le chef des magasins au directeur de la Pharmacie centrale, qui en donnera récépissé sur le registre minute.

Les produits qui résulteront de l'emploi de ces substances seront constatés par le directeur de la Pharmacie centrale et remis successivement au chef des magasins, qui comparera les quantités employées avec celles par lui délivrées, et donnera ensuite reçu desdits produits sur le même registre.

Dans le cas où il y aurait des différences sensibles entre les produits constatés et ceux des préparations précédentes de même nature, le directeur de la Pharmacie expliquera les causes qui auraient occasionné ces résultats.

Art. 5. Les écritures relatives à la dépense en général ne pouvant avoir lieu sans inconvénient sur le journal général, à cause de la nature et du mode de livraison des objets fournis, il sera tenu un *livre de détail spécial des dépenses*, où chaque nature d'objet aura un compte ouvert, avec indication du nom de la partie prenante, des dates et du montant des livraisons.

Les décomptes seront faits sur ce registre à la fin de l'année, au bas de chaque compte, et les résultats portés au grand livre dont il va être parlé.

Art. 6. Pour établir le compte général tant en recettes qu'en dépenses des substances, médicaments et ustensiles à l'usage des établissements hospitaliers et autres parties prenantes, il sera tenu un *grand-livre* où chacun de ces articles aura un compte ouvert.

Les recettes seront relevées soit du journal général de recette pour les produits provenant du commerce, soit du registre des préparations pour les médicaments composés.

Les dépenses seront relevées du livre spécial de dépense dont il est parlé ci-dessus.

Les quantités dépensées seront déduites, à la fin de chaque année, des quantités reçues ; cette opération aura pour résultat de faire connaître le solde du compte de la gestion qui finit :

Art. 7. Pour établir le compte particulier des livraisons faites aux hôpitaux, hospices et autres établissements, il sera ouvert des comptes à chacun de ces établissements, où seront inscrites, par ordre de date, les fournitures successives qui leur seront faites.

Art. 8. Le compte général de ces diverses opérations en matières, dressé conformément au mode de comptabilité prescrit ci-dessus, certifié véritable par le chef des magasins, visé par le directeur de la pharmacie centrale et par le membre de la commission administrative, sera adressé, appuyé de pièces justificatives, à la comptabilité générale, avant le 1er avril de chaque année.

Art. 9. Les pièces justificatives à produire à l'appui des comptes sont : pour la recette, les duplicata de factures des fournisseurs, les états d'achats directs faits par le comptable, les pièces relatives aux dons qui pourraient être faits à l'établissement, et enfin le registre-minute des préparations pour les produits obtenus ; pour la dépense, les factures des fournitures faites aux hôpitaux, aux hospices, aux bureaux de bienfaisance, aux prisons et autres établissements, ainsi que le registre-minute des préparations pour les substances employées à la composition des médicaments dont il a été fait recette et pour lesquels ledit registre est produit ci-dessus.

Art. 10. A la fin de l'année, il sera fait, par les soins du chef des magasins et en présence du directeur de la Pharmacie centrale, un inventaire des médicaments, substances et autres objets restant en magasin au 31 décembre. Le procès-verbal de ce récolement, visé par le membre de la commission administrative, sera adressé à la comptabilité générale avant le 15 février.

Art. 11. Les quantités restantes, d'après les écritures tenues, seront rapprochées des quantités effectives constatées par l'inventaire fait au 31 décembre; les différences, s'il en existe, seront expliquées par le chef des magasins, et les motifs soumis, s'il y a lieu, à l'appréciation du Conseil général.

Art. 12. Le pharmacien de chaque établissement tiendra un registre spécial où seront inscrites les recettes des médicaments provenant, soit de la Pharmacie centrale, soit des préparations faites dans l'établissement ou des denrées fournies par l'économe, et les dépenses des mêmes objets pour quelque cause que ce soit.

Les recettes et les dépenses en médicaments seront inscrites dans l'ordre de la nomenclature imprimée, de manière à présenter, à la fin de chaque mois, la situation de la pharmacie, sous le rapport de chacun des médicaments.

Art. 13. Le pharmacien tiendra, en outre, un registre des compositions, sur lequel il consignera les compositions effectuées dans l'établissement, avec indication des drogues simples qui y auront été employées et des produits qui en seront résultés.

Art. 14. Les comptes de pharmacie seront rendus tous les mois; ils auront pour point de départ les restants du compte précédent; ils comprendront les recettes et les dépenses du mois et indiqueront les quantités restantes.

Ces comptes, certifiés véritables par le pharmacien et visés par le directeur de l'établissement et le membre de la commission administrative, seront déposés à la comptabilité générale, dans les dix premiers jours de chaque mois, pour le mois précédent, et appuyés des pièces justificatives exigées ci-après :

Art. 15. Les pièces justificatives exigées à l'appui de la recette sont :

1° L'état des médicaments reçus de la Pharmacie centrale, en conséquence de la demande faite régulièrement pour les besoins du mois ;

2° Le relevé du registre des compositions en ce qui concerne les produits qui seront résultés des préparations;

3° L'état des denrées reçues de l'économe de l'établissement, pour le service de la pharmacie.

Art. 16. Les pièces justificatives à produire à l'appui des dépenses sont :

1° Les cahiers de visite, écrits sous la dictée des médecins et chirurgiens de chaque service et indiquant d'une manière précise les prescriptions des aliments, des secours chirurgicaux et des médicaments ordonnés *à chaque malade en particulier*.

Ces cahiers, collationnés au lit du malade par les élèves en médecine et en pharmacie, immédiatement après la prescription, sont signés du médecin ou chirurgien qui a fait la visite.

2° Les relevés journaliers des cahiers de visite faits par les élèves en pharmacie qui ont écrit les prescriptions, certifiés par eux et vérifiés par le pharmacien.

3° L'état récapitulatif mensuel des prescriptions portées aux relevés des cahiers de visite pour les différents services et des médicaments délivrés sur bons particuliers de l'élève de garde dans l'intervalle de deux visites, légalisé par le médecin ou chirurgien.

4° Le relevé des médicaments chirurgicaux ou autres délivrés pendant le mois sur bons particuliers des médecins ou chirurgiens, indiquant la salle à laquelle ils sont destinés, ledit relevé appuyé de ces bons dont il doit offrir le résumé.

5° Le relevé du registre des compositions pour les substances employées aux préparations faites par le pharmacien.

Ledit relevé produit ci-dessus à l'appui de la recette.

Art. 17. Il sera procédé, chaque année, par les pharmaciens des hôpitaux et hospices, dans leurs pharmacies respectives, en présence du directeur de l'établissement, à un récolement ou inventaire rigoureux de tous les médicaments existant en magasin à la date du 31 décembre; les résultats sans exagération seront consignés sur le registre dont il est parlé, article 12, lequel sera déposé à la comptabilité générale avec le compte rendu pour le mois de décembre, après avoir été revêtu du visa du membre de la commission administrative chargé de la surveillance de l'établissement.

S'il existe des différences entre les quantités dont l'existence aura été constatée par ledit récolement et celles devant rester par suite des écritures de la comptabilité, elles seront expliquées par le pharmacien et soumises à l'approbation du conseil.

Art. 18. Les comptes rendus par les pharmaciens seront vérifiés par la comptabilité générale ; mais attendu que la diversité des médicaments et le nombre considérable des malades auxquels ils sont prescrits chaque jour rendraient presque impossible la vérification complète de tous les cahiers de visite et autres pièces justificatives, et que la dépense qu'entraînerait cette vérification ne serait point en rapport avec les avantages qui pourraient en résulter, l'ordonnateur général portera de préférence son attention sur les médicaments qui ont de l'importance, en raison soit de leur prix élevé, soit de la grande consommation qui en est faite.

Les résultats de cette vérification seront mis sous les yeux du Conseil, qui statuera, chaque année, sur la décharge à donner aux comptables.

Art. 19. Le mode de comptabilité et de vérification prescrit par le présent arrêté sera mis à exécution à dater du 1er juillet prochain. (Arrêté du Conseil général des hospices, du 4 mai 1836.)

2° — Arrêté du 29 avril 1850, relatif à la comptabilité des pharmacies.

Le Directeur de l'administration,

Vu l'arrêté réglementaire du 4 mai 1836 sur la tenue des écritures et la formation des comptes de pharmacie ;

Vu l'avis du conseil de surveillance en date du 7 février dernier, sur la proposition de simplifier, à titre d'essai, la comptabilité des pharmaciens des hôpitaux et hospices,

Arrête :

Art. 1er. Les formes actuelles de la comptabilité sont conservées intégralement pour tous les médicaments désignés dans la liste ci-jointe :

Art. 2. Les mêmes formes sont également maintenues à l'égard des autres substances, sauf les modifications ci-après :

1° Ces substances ne seront plus portées dans l'état récapitulatif des prescriptions (modèles 7 ancien et 3 nouveau);

2° Elles ne figureront au *compte mensuel* (modèles n°s 10 ancien et 7 nouveau) que dans la colonne des recettes ;

3° Dans le *compte annuel*, elles seront portées, de mois en mois, dans les colonnes de recettes; les restants au 31 décembre constatés par le récolement des magasins seront inscrits dans la colonne : *Quantités restant au 31 décembre, d'après le récolement* ; enfin, ces restants seront inscrits, dans le compte annuel de l'année suivante, au mois de janvier, colonne existant le 1er du mois, et formeront le point de départ des recettes de l'année.

Art. 3. L'administration se réserve la faculté de modifier, en y ajoutant les substances qu'elle jugera convenable, la liste ci-jointe des médicaments pour lesquels les formes actuelles de la comptabilité sont intégralement conservées.

Art. 4. Les états récapitulatifs des prescriptions (modèles n°s 7 ancien et 3 nouveau) présenteront la distinction par chaque service médical et chirurgical pour les substances que désignera l'administration et dont elle pourra varier la nomenclature.

Art. 5, L'application des dispositions qui précèdent aura lieu seulement à titre d'essai, sauf à décider ultérieurement s'il y a lieu de les rendre définitives. (Arrêté du 29 avril 1850, approuvé par M. le Préfet de la Seine e 18 mai.)

(*Suit la liste.*)

3° — Liste des substances qui doivent figurer dans la comptabilité détaillée des Pharmaciens des Hôpitaux.

SUBSTANCES VÉGÉTALES.

Racine de rhubarbe.
— de salsepareille.
Écorce de quinquina.
Fleurs de roses rouges.
— de safran.

FRUITS.

Amandes.
Café.
Citrons.
Riz.
Follicules de séné.
Pois d'iris.
Farine de riz.
— de moutarde.
— de lin.

PRODUITS VÉGÉTAUX.

FÉCULES.

Amidon.
Fécule de pommes de terre.
Sagou.

SUCS ÉPAISSIS.

Opium.
Suc de réglisse.

PRODUITS SUCRÉS.

Sucre.
Manne en larmes.
— en sorte.

GOMME.

Gomme arabique.
— adragante.

RÉSINES LIQUIDES.

Baume de copahu.
— de tolu.

HUILES GRASSES.

Huiles d'amandes douces.
— blanche.
— d'olive.
— de ricin.
— de foie de morue.
Beurre de cacao.

HUILES VOLATILES.

Camphre.

PRODUITS FERMENTÉS.

Vin rouge ordinaire.
— de Bagnols.
— de Collioure.
— de Bordeaux, rouge et blanc.
Alcool.
Vinaigres.

SUBSTANCES ANIMALES.

ANIMAUX ENTIERS.

Sangsues.

ZOOPHYTES.

Eponges fines.
— préparées.

PARTIES D'ANIMAUX.

Castoreum.
Musc.

PRODUITS D'ANIMAUX.

Cire jaune.
Graisse de porc.
Lait.
Œufs.

PRÉPARATIONS.

POUDRES.

Poudre de cantharides.
— gomme arabique.
— — adragante.
— poivre cubèbe.
— quinquina.
— rhubarbe.
— salep.

EXTRAITS.

Extrait d'opium.
— de quinquina.
— de ratanhia.

EAUX DISTILLÉES.

Eau distillée de fleur d'oranger.

VINS MÉDICINAUX.

Vin d'absinthe.
— de gentiane.
— blanc nitré.

Vin de quinquina.
— antiscorbutique.
— d'opium composé.

TEINTURES ALCOOLIQUES.

Alcool camphré.

ALCOOLATS.

Alcool rectifié.
Alcoolat de citron.
— — composé.
— de mélisse composé.

SIROPS.

Sirop de baume de tolu.
— de capillaire.
— citrique.
— de coings.
— de consoude.
— de fleur d'oranger.
— de sucre.
— de gomme.
— de groseilles.
— de guimauve.
— de limons.
— d'orgeat.
— tartrique.
— de vinaigre framboisé.
— des cinq racines.
— sudorifique.
— antiscorbutique.

MIELS ET OXYMELS.

Sirop de miel.
Oxymel simple.

TABLETTES OU PASTILLES.

Tablettes de Vichy.
— de gomme.

Tablettes de guimauve.
— de soufre.
— de tolu.
Pâtes de jujubes.
— de guimauve.
— de gomme.
— de lichen.

CÉRATS, POMMADES ET ONGUENTS

Cérat jaune.
— blanc.
Pommade épispastique.
— mercurielle.

EMPLATRES.

Emplâtre épispastique.
Sparadrap gommé.

SUBSTANCES MINÉRALES ET PRÉPARATIONS CHIMIQUES.

MÉTALLOÏDES SIMPLES.

Iode.

MÉTAUX.

Or métallique (1).

OXYDES.

Oxydes d'or.

ALCALIS ET ALCALOÏDES (2).

Brucine.
Atropine.
Morphine.
Quinine.
Strychnine.
Veratrine.

---

(1) Les formes actuelles de la comptabilité devront être appliquées à toutes les préparations d'or qui viendront à être mises en usage dans les Hôpitaux.

(2) La même observation s'applique aux alcaloïdes et à leurs sels.

ACIDES.

Acide citrique.
— tartrique.

SULFURES.

Sulfure de mercure.

IODURE.

Iodure de potassium.

SELS.

CARBONATES ET SOUS-CARBONATES.

Carbonate de soude.

CHLORURES ET HYDROCHLORATES.

Chlorure d'or.
— de sodium.
Bichlorure de mercure pour bains et lotions.
Hydrochlorate de morphine.

NITRATES.

Nitrate d'argent cristallisé.
— fondu.

SULFATES.

Sulfate de quinine.
— de strychnine.

ACÉTATES.

Acétate de morphine.

CITRATES.

Citrate de magnésie.

SAVONS.

Savon blanc.
— vert.
Baume opodeldoch.

ÉTHERS

Chloroforme.

EAUX MINÉRALES.

Eau de Bonnes.
— de Contrexeville.
— de magnésie.
— de sedlitz.
— de seltz.
— de Spa.
— de Vichy, etc., etc.

DIVERS.

Bouteilles de Sèvres.
— anglaises.

TABLE ET LISTE

DES MATIÈRES INSCRITES AU FORMULAIRE DES HÔPITAUX.

La table suivante comprend tous les médicaments simples ou composés du Codex délivrés par la Pharmacie centrale des hôpitaux et par les pharmacies particulières des établissements dépendant de l'administration de l'Assistance publique. Les médicaments qui ne sont pas inscrits dans cette liste seront mis à la disposition des chefs de service sur leur demande, lorsque M. le Directeur de l'administration en autorisera l'emploi, conformément à l'avis favorable de la commission médicale chargée de l'examen des questions relatives à l'introduction des médicaments et remèdes nouveaux dans le Formulaire hospitalier.

Les abréviations portées en regard des substances médicamenteuses sont celles dont l'usage est obligatoire dans la tenue des cahiers de visite.

Le système fort simple qui a présidé à leur rédaction consiste à indiquer la première syllabe des mots et la consonne ou la voyelle suivante. (Voir la préface de la précédente édition, page 10.)

TABLE ET LISTE
DES MATIÈRES INSCRITES AU FORMULAIRE.

NOMS DES MÉDICAMENTS.	ABRÉVIATIONS.	PAGES.
Absinthe.	Abs :	
Acétate d'ammoniaque.	Ac : d'am :	
Acétate de cuivre.	Ac : cu :	
— de plomb crist.	Ac : plomb c :	
— de plomb liquide.	Ac : plomb l :	
— de potasse sec.	Ac : pot :	
— de potasse liquide.	Ac : pot : l :	
Acide acétique.	A : acét :	
— arsénieux.	A : arsén :	
— benzoïque.	A : benz :	
— borique.	A : bor :	
— chlorhydrique.	A : chl :	
— chromique dissous.	A : chrom : d :	
— citrique.	A : citr :	
— cyanhydrique.	A : cyanhyd :	
— nitrique.	A : nitriq :	
— nitrique alcoolisé.	A : nitri : alc :	
— oxalique.	A : oxal :	
— phénique.	A : phén :	
— sulfurique.	A : sulf :	
— sulfurique alcoolisé.	A : sulf : alç :	
— tannique.	A : tann :	

NOMS DES MÉDICAMENTS.	ABRÉVIATIONS.	PAGES.
Acide tartrique.	A : tart :	—
— valérianique.	A : valérian :	—
Aconit.	Aco :	—
Agaric blanc.	Ag : bl :	—
Agaric de chêne.	Ag : ch :	—
Alcool.	Alc :	—
Alcoolat de cochléaria comp.	Alc : cochl : c :	—
— de Fioravanti.	Alc : Fiorav :	—
— de mélisse comp.	Alc : mel : c :	—
— vulnéraire.	Alc : vuln :	—
Alcoolature d'aconit.	Alc : ture : d'acon :	—
— de belladone.	Alc : ture : bell :	—
— de ciguë.	Alc : ture ; cig :	—
Alkékenge.	Alk :	—
Aloès.	Aloès.	—
Alun.	Alun.	—
Alun calciné.	Alun c :	—
Amandes douces.	Am : d :	—
Amidon.	Ami :	—
Ammoniaque.	Amm :	—
Angélique.	Angel :	—
Anis.	Anis.	—
Anis étoilé.	Anis ét :	—
Antimoine.	Antim :	—
— diaphorétique.	Anti : diaph :	—
Apozèmes.	Apoz :	28

NOMS DES MÉDICAMENTS.	ABRÉVIATIONS.	PAGES.
Apozème antiscorbutique.	Apoz : antis :	28
— de cousso.	Apoz : cousso.	29
— de grenadier.	Apoz : grenad :	28
— laxatif.	Apoz : lax :	28
— purgatif.	Apoz : purg :	29
— de semen contra.	Apoz : sem : contra.	29
— sudorifique.	Apoz : sudor :	29
Armoise.	Arm :	—
Arnica.	Arn :	—
Arséniate de soude crist.	Arsén : s : crist :	—
Asafœtida.	Asaf :	—
Asperge.	Asp :	—
Aunée.	Aun :	—
Axonge.	Axo :	—
Baies de genièvre.	Bi : geniè :	—
Bains.	Bn :	70
— acide.	Bn : acid :	70
— alcalin.	Bn : alc :	70
Bain d'amidon.	Bn : ami :	70
— aromatique.	Bn : arom :	71
— de Barèges.	Bn : barèg :	71
— gélatineux.	Bn : gélat :	71
— ioduré.	Bn : iod :	71
— de Plombières.	Bn : Plombières.	71
— salin aromatique.	Bn : sal : arom :	72
— savonneux.	Bn : sav :	72

NOMS DES MÉDICAMENTS.	ABRÉVIATIONS.	PAGES.
Bain de sel marin.	Bn : sel :	72
— sinapisé.	Bn : sinap :	73
— de sublimé corrosif.	Bn : sub : corros :	73
— de sublimé et sel ammoniac.	Bn : sub : corr : am :	73
— de son.	Bn : son.	73
— sulfuré.	Bn : sulf :	74
— sulfuro gélatineux.	Bn : sulf : gel :	74
— de vapeur aromatique.	Bn : vap : arom :	74
— de Vichy.	Bn : Vichy.	74
Bardane.	Bard :	—
Baume du Commandeur.	Be : Comm :	—
— de copahu.	Be : cop :	—
— de Fioravanti.	Be : Fiorav :	—
— nerval.	Be : nerv :	—
— opodeldoch.	Be : opod :	—
— de tolu.	Be : tolu :	—
— tranquille.	Be : tranq :	—
Belladone.	Bell :	—
Benjoin.	Benj :	—
Beurre d'antimoine.	Br : antim :	—
— de cacao.	Br : cacao.	—
Bicarbonate de potasse.	Bic : pot :	—
— de soude.	Bic : soud :	—
Bleu de Prusse.	Bl : Prus :	—
Bols.	Bols.	48
— fébrifuge.	Bol fébrif :	48

NOMS DES MÉDICAMENTS.	ABRÉVIATIONS.	PAGES.
Borate de soude.	Bor : soud :	—
Borax.	Borax.	—
Bouillon blanc.	B : blanc.	—
Bouillon de veau.	B : veau.	31
— aux herbes.	B : herbes.	28
Bourgeons de sapin.	B : sapin.	—
Bourrache.	Bour :	—
Brôme.	Brôme.	—
Brômure de potassium.	Brôm : pot :	—
Cachou.	Cach :	—
Café.	Café.	—
Camomille.	Cam :	—
Camphre.	Camp :	—
Canne.	Can :	—
Cannelle.	Cann :	—
Cantharide.	Canthar :	—
Capillaire.	Capil :	—
Carbonate d'ammoniaque.	C: amm :	—
— de fer.	C : fer.	—
— de magnésie.	C: magn :	—
— de plomb.	C : plomb.	—
— de potasse.	C : pot :	—
— de soude.	C : soud :	—
Carragahéen.	Carrag :	—
Casse.	Casse.	—
Castoreum.	Cast :	—

NOMS DES MÉDICAMENTS.	ABRÉVIATIONS.	PAGES.
Cataplasmes.	Cat :	55
— d'amidon.	Cat : am :	55
— de farine de lin.	Cat : far : lin.	55
— de fécule.	Cat : féc :	55
— de riz.	Cat : riz.	55
— rubéfiant.	Cat : rub :	55
Caustiques.	Caust :	83
— d'acide chromique.	Caust : a : chr :	83
— de Canquoin.	Caust : Canq :	84
— sulfo safrané.	Caust : sulf : saf :	84
— de Vienne.	Caust : Vienne.	84
Caustique de Velpeau.	Caust : Velp :	84
Centaurée petite.	Cent : pet :	—
Cérats.	Cér :	49
— belladoné.	Cér : bell :	49
— d'extrait de jusquiame.	Cér : jusq :	49
— — de stramonium.	Cér : stram :	49
— laudanisé.	Cér : laud :	50
— mercuriel.	Cér : mer :	50
— saturné.	Cér : sat :	50
— soufré.	Cér : souf :	50
Céruse.	Céruse.	—
Cévadille.	Cévad :	—
Chamœdrys.	Cham :	—
Chardon bénit.	Ch : bénit.	—
Chicorée.	Chic :	—

NOMS DES MÉDICAMENTS.	ABRÉVIATIONS.	PAGES.
Chiendent.	Chi :	—
Chlorate de potasse.	Chlorat: pot:	—
Chlore liquide.	Chlor: liq:	—
Chlorhydrate d'ammoniaque.	Chl: amm:	—
Chlorhydrate de morphine.	Chl: morph:	—
Chloroforme.	Chlorof:	—
Chlorure d'antimoine.	Ch: antim:	—
— de baryum.	Ch: bary:	—
— de calcium.	Ch: calc:	—
— de chaux.	Ch: chaux :	—
— de mercure (proto).	Proto chl: merc:	—
— de mercure (deuto).	Deuto chl: merc:	—
— de sodium.	Ch: sod:	—
— de soude.	Ch: soud:	—
— de zinc.	Ch: zn:	—
Chromate (bi) de potasse.	Chr : pot:	—
Ciguë.	Ciguë.	—
Cire.	Cire.	—
Citrate de magnésie.	Cit: magn:	—
Citrons.	Citr:	—
Colchique.	Colch :	—
Colle de poisson.	C: poiss:	—
Collodion.	Collod:	—
Collyres.	Coll:	75
— à l'atropine.	Coll: atrop:	75
— antimydriatique.	Coll: antimyd :	75

NOMS DES MÉDICAMENTS.	ABRÉVIATIONS.	PAGES.
Collyre au calabar.	Coll: calabar.	75
— émollient.	Coll: émol:	75
— laudanisé simple.	Coll: laud:	76
— au nitrate d'argent.	Coll: nit: d'arg:	76
— opiacé.	Coll: op:	76
— avec la pierre divine.	Coll : p: div:	76
— résolutif.	Coll: rés:	77
— sec au calomel.	Coll: sec calom:	76
— sec à l'oxyde de zinc.	Coll: sec: o: zn:	76
— simple.	Coll: simp:	77
— au sulfate de cuivre.	Coll: sulf: cuiv:	77
— au sulfate de zinc.	Coll: sulf: zn:	77
— au sulfate de zinc laudanisé.	Coll: sulf: zn: laud:	77
Colombo.	Colom :	—
Colophane.	Colop.	—
Coloquinte.	Coloq.	—
Conserve de roses.	Cons : ros :	—
Consoude.	Cons :	—
Coquelicot.	Coq :	—
Corne de cerf.	C : cerf.	—
Cousso.	Cousso.	—
Crayons de nitrates d'argent et de potasse.	Cray : nit : arg : et p :	85
Crayons de sulfate de cuivre.	Cray : sulf: cuiv:	85
Crême de tartre.	Cr : tart:	—
Croton tiglium.	Croton tig :	—
Cubèbe.	Cub:	—

NOMS DES MÉDICAMENTS.	ABRÉVIATIONS.	PAGES.
Cyanure de potassium.	Cyan: pot:	—
Dattes.	Datt :	—
Décoction blanche.	Dec: bl :	30
Digestif animé.	Dig : anim:	54
— laudanisé.	Dig: laud:	54
Digestif mercuriel.	Dig: merc:	54
— simple.	Dig: simp:	54
Digitale.	Digit :	—
Douce amère.	D : am :	—
Eau bénite.	E: bénite.	38
Eau de casse.	E: casse.	18
— — avec les grains.	E: casse gr:	30
— de gomme.	E : gom:	20
— de mélisse comp.	E : mél: c:	—
— panée.	E : pan:	30
— de Rabel.	E : Rab:	—
— végéto minérale.	E: vég: min:	61
— sédative.	E: sédat:	61
Eau-de-vie camphrée.	E: v: camph:	—
Eau vulnéraire.	E: vuln:	—
Eau distillée de cannelle.	E: cann:	—
— de fleur d'oranger.	E: fl: or:	—
— de laitue.	E: lait:	—
— de laurier cerise.	E: laur: c :	—
— de menthe poivrée.	E: ment: p:	—
— de rose.	E: ros:	—

NOMS DES MÉDICAMENTS.	ABRÉVIATIONS.	PAGES.
Eau distillée de tilleul.	E : till :	—
Eau de Barèges.	E : barèg :	—
— de Bonnes.	E : Bonn :	—
— de Bussang.	E : Buss :	—
— d'Enghien.	E : Engh :	—
— gazeuse.	E : Gaz :	—
— magnésienne.	E : mag :	—
Eau magnésienne gazeuse.	E : mag : g :	—
— de Passy.	E : Passy.	—
— de Sedlitz.	E : Sedlitz.	—
— de Seltz.	E : Seltz.	—
— de Spa.	E : Spa.	—
— de Vichy.	E : Vichy.	68
Écorces d'oranges amères.	Ec : or :	—
Écorces de racine de grenadier.	Ec : gren :	—
Électuaires.	Élect :	47
— diaphœnix.	Élect : diaph :	47
— diascordium.	Élect : diasc :	—
Élixir de longue vie.	Él : long : v :	—
— de Pérylhe.	Él : Péry :	—
Émétique.	Emétique.	—
Emplâtre de ciguë.	Emp : ciguë :	—
— diachylon.	Emp : diach :	—
— des quatre fondants.	Emp : quatre f :	—
— mercuriel.	Emp : merc :	—
— de poix.	Emp : poix.	—

NOMS DES MÉDICAMENTS.	ABRÉVIATIONS.	PAGES.
Emplâtre de savon.	Emp: savon.	—
— simple.	Emp: simp:	—
— vésicatoire.	Emp : vésic:	—
— de vigo.	Emp: vigo.	—
Émulsion simple.	Émuls: simp:	—
Émulsion de copahu.	Émuls: copah :	31
Ergot de seigle.	Erg : seig :	31
Esprit de cochlcaria.	Esp : cochl :	—
— de Mindererus.	Esp: Minder:	—
Éther acétique.	Éth: acét:	—
Éther sulfurique.	Eth: sulf :	—
— — alcoolisé.	Eth : sulf: alc:	—
Extraits.	Ext :	—
— d'aconit.	Ext: acon :	41
— de belladone.	Ext: bell:	—
— de digitale.	Ext: digit:	41
— de ciguë.	Ext: ciguë.	42
— de fèves de Calabar.	Ex: f: Calab:	42
— de gayac.	Ext: gay:	42
— de genièvre.	Ext: geni:	—
— de gentiane.	Ext: gent:	—
— de jusquiame.	Ext: jusq:	—
— de noix vomique.	Ext: n: vom:	42
— d'opium.	Ext: opium :	—
— de quinquina.	Ext: q.q:	42
— de ratanhia.	Ext: ratan:	43

NOMS DES MÉDICAMENTS.	ABRÉVIATIONS.	PAGES.
Extrait de saturne.	Ext: sat:	—
— de valériane.	Ext: val:	—
— de stramonium.	Ext : stram :	42
Fécule.	Féc :	—
Fer.	Fer.	—
Fève de Calabar.	Fèv : Cal :	—
Feuilles d'oranger.	F : or :	—
Figues.	Figues.	—
Fomentations.	Fom :	61
— aromatique.	Fom: arom:	65
— de belladone.	Fom : bell :	65
— de jusquiame.	Fom : jusq :	65
— de morelle.	Fom : mor :	65
— de stramonium.	Fom : stram :	65
— émolliente.	Fom : émol :	64
Fomentation de guimauve.	Fom: gui:	64
— de lin.	Fom : lin.	64
— de morelle pavot.	Fom: mor: pav :	64
— narcotique.	Fom: narc :	64
— — opiacée.	Fom: narc : op:	65
— de feuilles de noyer.	Fom : f : noy:	65
— de pavot.	Fom: pav:	
— de sureau.	Fom : sur:	65
— vineuse.	Fom : vin:	63
Fougère mâle.	Foug : m :	—
Fraisier.	Frais :	—

NOMS DES MÉDICAMENTS.	ABRÉVIATIONS.	PAGES.
Fumeterre.	Fumet :	—
Fumigations.	Fum :	82
— alcoolique.	Fum : alc :	82
— de cinabre.	Fum : cin :	82
— chlorée.	Fum : chl :	82
— nitreuse.	Fum : nit :	83
— de soufre.	Fum : souf :	—
Galle de chêne.	Gal : ch :	83
Gargarismes.	Gg :	59
— adoucissant.	Gg : ad :	59
— antiscorbutique.	Gg : antisc :	59
— astringent.	Gg : astr :	59
— boraté.	Gg : bor :	60
— de chlorate de potasse.	Gg : chl : pot :	60
— détersif.	Gg : déter :	60
— de miel rosat.	Gg : m : ros :	60
— oxymellé.	Gg : oxy :	60
— de perchlorure de fer.	Gg : chl : fer.	61
Garou.	Gar :	—
Gayac.	Gay :	—
Gélatine.	Gél :	—
Gentiane.	Gent :	—
Girofle.	Gir :	—
Glycérés.	Gly :	78
Glycéré d'amidon.	Gly : ami :	78
— d'extrait de belladone.	Gly : ext : bell :	78

NOMS DES MÉDICAMENTS.	ABRÉVIATIONS.	PAGES.
Glycéré d'extrait de ciguë.	Gly : ext : cig :	78
— — jusquiame.	Gly : ext : jusq :	78
— — opium.	Gly : ext : op :	78
— de goudron.	Gly : goud :	78
— d'iodure potassium.	Gly ; iod : pot :	78
— d'iodure de potassium ioduré.	Gly : iod : p : iod :	79
— de soufre.	Gly : souf :	79
— de tannin.	Gly : tan :	79
Glycérine.	Glyc :	—
Gomme arabique.	Gom : arab :	—
Gomme adragante.	Gom : ad :	—
Gomme ammoniaque.	Gom : amm :	—
Gomme gutte.	Gom : gut :	—
Goudron.	Gou :	—
Gouttes.	Gout :	38
— amères de Baumé.	Gout : am : Baumé.	38
— noires anglaises.	Gout : noir : ang :	38
Gruau.	Gru :	—
Guimauve.	Guim :	—
Houblon.	Houb :	—
Huile d'amandes douces.	H : am : d :	—
— de cade.	H : cade.	—
— de camomille.	H : cam :	—
— de croton.	H : croton :	—
— de foie de morue.	H : f : mor :	—
— de ricin.	H : ricin.	—

NOMS DES MÉDICAMENTS.	ABRÉVIATIONS.	PAGES.
Huile volatile d'anis.	H: v: anis.	—
— de citron.	H: v: cit:	—
— de menthe.	H: v: ment:	—
Huile volatile de térébenthine.	H: v: téréb:	—
Hydrogala.	Hydrog:	27
Hydromel.	Hydrom:	20
Hysope.	Hys :	—
Injections.	Inj :	61
— d'acét. neut. de plomb.	Inj : ac : pl :	69
— iodée (Velpeau).	Inj : iod :	69
— d'iodure de pot. iodé.	Inj : iod : pot : i :	69
— de sulfate de zinc laudanisé.	Inj : s : zinc laud :	69
— vineuse avec les roses rouges.	Inj : vin : ros : r :	70
— de Velpeau.	Inj : Velp :	69
Iode.	Iode.	—
Iodure de fer.	Iod : fer.	—
— de mercure (proto).	Proto-iod : merc :	—
— de mercure (deuto).	Deuto-iod : merc :	—
— de plomb.	Iod : plomb.	—
— de potassium.	Iod : pot :	—
— de soufre.	Iod : souf :	—
Ipécacuanha.	Ipéca :	—
Jalap.	Jal :	—
Jujubes.	Juj :	—
Julep béchique.	Jul : béch :	35
— calmant.	Jul : calm :	35

NOMS DES MÉDICAMENTS.	ABRÉVIATIONS.	PAGES.
Julep diacodé.	Jul : diac :	35
— gommeux.	Jul : gom :	36
— opiacé.	Jul : op :	35
Jusquiame.	Jusq :	—
Kermès minéral.	Kerm : min :	—
Kousso.	Kous :	—
Lactate de fer.	Lact : fer.	—
Lait.	Lait.	—
Laudanum de Rousseau.	Laud : Rouss :	—
— de Sydenham.	Laud : Syd :	—
Lavande.	Lavan :	—
Lavements.	Lav :	56
— d'amidon.	Lav : ami :	56
— anodin des peintres.	Lav : an : p :	56
— émollient.	Lav : ém :	56
— gélatineux.	Lav : gél :	56
— huileux.	Lav : huil :	57
— d'huile de ricin.	Lav : h : ricin.	57
— laxatif.	Lav : lax :	57
— de lin.	Lav : lin.	57
— de pavot.	Lav : pav :	57
— de perchlorure de fer.	Lav : chl : fer.	58
— purgatif.	Lav : purg :	58
— — des peintres.	Lav : purg : p :	58
— savonneux.	Lav : sav :	58
— de son.	Lav : son.	58

NOMS DES MÉDICAMENTS.	ABRÉVIATIONS.	PAGES.
Lavement de tabac.	Lav : tabac.	59
Lichen d'Islande.	Lich :	—
Lierre terrestre.	L : terr :	—
Limonades.	L :	25
— alcoolique.	L : alcool.	25
— citrique.	L : cit :	25
— à la crème de tartre.	L : cr : tart :	26
— purgative.	L : purg :	25
— sulfurique.	L : sulf :	26
Limonade tartrique.	L : tart :	26
— vineuse	L : vin :	26
Lin.	Lin.	—
Liniments.	Lin :	79
— ammoniacal.	Lin : amm :	79
— camphré.	Lin : camph :	80
— au chloroforme.	Lin : chlorof :	80
— excitant.	Lin : ex :	80
— narcotique.	Lin : narc :	80
— oléo barytique.	Lin : ol : bary :	80
— oléo calcaire.	Lin : ol : calc.	81
— savonneux.	Lin : sav :	81
— — camphré.	Lin : sav : camph :	81
— térébenthiné.	Lin : téréb :	81
— volatil camphré.	Lin : vol : camph :	82
Liqueur de Fowler.	Liq : Fowler.	66
— de Pearson.	Liq : Pearson.	66

NOMS DES MÉDICAMENTS.	ABRÉVIATIONS.	PAGES.
Liqueur de Van Swieten.	Liq: Van-Sw;	67
— de Vilatte.	Liq : Vilat:	61
Loochs.	Looch.	32
— blanc du Codex.	Looch bl: Cod:	32
— des hôpitaux.	Looch bl: hop:	32
— huileux.	Looch h:	33
Lotions.	Lot :	61
— d'acétate de plomb. E. v. mi.	Lot: ac: plomb.	61
— alcaline.	Lot : alc :	62
— ammoniacale camphrée.	Lot: am: camph:	61
Lotion de borax.	Lot : borax.	62
— de carb. de potasse (alcaline).	Lot: c: potas:	62
— de carb. soude.	Lot: c: soud:	62
— désinfectante.	Lot : désinf:	62
— hémostatique. chl. fer.	Lot: hém: ch: fer.	63
— de quinquina.	Lot: q.q :	63
— savonneuse.	Lot: sav:	63
— sulfurée.	Lot: sulf:	63
— de tan.	Lot: tan :	63
— vinaigrée.	Lot: vinaig:	63
— vineuse.	Lot : vin:	62
Lycopode.	Lyc :	—
Magnésie blanche.	Magn: bl:	—
— calcinée.	Magn: c:	—
Manne.	Mann :	—
Marrube.	Marr :	—

NOMS DES MÉDICAMENTS.	ABRÉVIATIONS.	PAGES.
Matricaire.	Matr :	—
Mauve.	Mauv :	—
Mercure doux.	Merc : d :	—
— — à la vapeur.	Merc : d : vap :	—
Médecine blanche.	Méd : bl :	36
— noire.	Méd : n :	29
Mélisse.	Mel :	—
Menthe.	Menth :	—
Ményanthe.	Meny :	—
Miel.	M :	—
— de mercuriale.	M : merc :	—
— rosat.	M : ros :	—
Morelle.	Morel :	—
Mousse de Corse.	M : corse.	—
Moutarde.	Mout :	—
Musc.	Musc.	—
Nitrate d'argent cristallisé.	Nit : arg : crist :	—
— — fondu.	Nit : arg : f :	—
— de bismuth.	Nit : bism :	—
— de mercure.	Nit : merc :	—
— de potasse.	Nit : pot :	—
Nitre.	Nitre.	—
Noix vomique.	N : vom :	—
Onguents.	Ong :	54
— digestif simple.	Ong : dig : s :	54
— — animé.	Ong : dig : an :	54

NOMS DES MÉDICAMENTS.	ABRÉVIATIONS.	PAGES.
Onguent digestif laudanisé.	Ong: dig: laud:	54
— — mercuriel.	Ong: dig: merc:	54
— mercuriel.	Ong: merc:	—
— populéum.	Ong: popul:	—
— rosat.	Ong: ros:	—
Opium.	Opium.	—
— de Rousseau.	Op: Rouss:	—
Orge mondé.	Orge. m:	—
Orge perlé.	Orge. p:	—
Os calcinés.	Os: calc:	—
Oxycrat,	Oxyc:	27
Oxyde d'antimoine.	ox: antim:	—
— de fer hydraté.	Ox: fer hy:	—
— — noir.	Ox: fer n:	—
— — rouge.	Ox: fer r:	—
Oxyde de manganèse.	Ox: mang:	—
— de mercure rouge.	Ox: merc: r:	—
— de zinc.	Ox: zinc.	—
Oxymel simple.	Oxym: s:	—
— scillitique.	Oxym: scill:	—
Pariétaire.	Pari:	—
Pâte de Canquoin.	Pât: Canq:	—
— de lichen.	Pât: lich:	—
Patience.	Pati:	—
Pavot.	Pav:	—
Pédiluves.	Péd:	74

NOMS DES MÉDICAMENTS.	ABRÉVIATIONS.	PAGES.
Pédiluve acide.	Péd : ac:	74
— alcalin.	Péd: alc:	75
— sinapisé.	Péd: sin:	75
Pensée sauvage.	Pens : s :	—
Perchlorure de fer liq.	Per ch: fer.	—
Permanganate de potasse.	Per mang: pot:	—
Petit lait.	Pet: lait.	27
— de Weiss.	Pet: l: Weiss.	27
Phellandrie.	Phell :	—
Pied de ehat.	Pied chat.	—
Pilules.	Pil:	48
— de Bacher.	Pil : Bach :	—
— de Belloste.	Pil : Bell :	—
— de Bontius.	Pil: Bont:	—
— de cynoglosse.	Pil: cyn:	—
— de Dupuytren.	Pil : Dupuy:	48
— écossaises.	Pil : écos :	—
— de Méglin.	Pil: Mégl :	48
— mercurielles savonneuses.	Pil: merc : sav :	48
— de Sedillot.	Pil: Sedil:	48
— de s. nit. de bismuth opiacées.	Pil : bism : op:	49
— de proto iod. de mercure opiacées	Pil: i: merc: op:	49
Poix de Bourgogne.	P : Bourg :	—
Polygala de Virginie.	Poly : V :	—
Pommades.	Pom :	51
— ammoniacale.	Pom: amm:	51

NOMS DES MÉDICAMENTS.	ABRÉVIATIONS.	PAGES.
Pommade d'Autenrieth.	Pom : Auten :	54
— de calomel.	Pom : calom:	51
— camphrée.	Pom: camph :	—
— de chloroforme.	Pom : chlorof:	51
— citrine.	Pom : cit:	—
— de Cyrillo.	Pom : Cyr :	52
— de Desault.	Pom : Desault :	52
— de deutochlorure de mercure.	Pom: deuto : ch: m :	52
Pommade de Gondret.	Pom : Gondret.	51
— de goudron.	Pom : goud:	52
— d'Helmerich.	Pom : Helm :	—
— d'iodure potassium.	Pom: iod : pot:	52
— — iodée.	Pom: iod: p: iod:	53
— de Lyon.	Pom: Lyon.	53
— d'oxyde rouge de mercure.	Pom : ox : r: merc:	53
— de protoiodure de mercure.	Pom : protoiod : m:	53
— d'iodure de soufre.	Pom : iod : s:	53
— de Régent.	Pom: Rég:	53
— soufrée.	Pom: souf:	—
— stibiée.	Pom . stib :	54
Potions.	Pot:	33
— antiémétique de Rivière.	Pot: Riv :	33
— antispasmodique.	Pot: antisp:	34
— astringente au perchlorure de fer.	Pot : ast: chl: fer.	34
— — au ratanhia.	Pot: ast: ratanh:	34
— balsamique (Choppart).	Pot : Chop :	34

NOMS DES MÉDICAMENTS.	ABRÉVIATIONS.	PAGES.
Potion béchique (julep béchique).	Pot : bech :	35
— calmante (julep calmant).	Pot : calm :	35
— au chlorate de potasse.	Pot : chl : potas :	35
— de Choppart.	Pot. Chop :	34
— cordiale.	Pot : cord :	35
— diacodée (jul. diac.).	Pot : diac :	35
— diurétique.	Pot : diur :	36
— gommeuse.	Pot : gom :	36
Potion huileuse.	Pot : huil :	36
— à la magnésie (méd. bl.).	Pot : magn :	36
— purgative.	Pot : purg :	29
— purgative à la manne.	Pot : purg : man :	37
— — des peintres.	Pot : purg : p :	37
— tonique.	Pot : ton :	37
— vomitive des peintres (E. bénit.)	Pot : vom : p :	38
Poudre de camphre.	P : camp :	13
— d'ergot de seigle.	P : erg : seig :	13
— de Dower.	P : Dow :	—
— de Vienne.	P : Vienne.	—
Précipité blanc.	Précip : bl :	—
— rouge.	Précip : roug :	—
Pruneaux.	Prun :	—
Pulpe de casse.	Pulp : cass :	14
— de ciguë.	Pulp : cig :	14
— de tamarins.	Pulp : tam :	14
Quassia amara.	Quass : am :	—

NOMS DES MÉDICAMENTS.	ABRÉVIATIONS.	PAGES.
Quinquina gris.	Q : q : gr :	—
— Jaune.	Q : q : J :	—
— Rouge.	Q : q : R :	—
Raifort.	Raif :	—
Ratanhia.	Rat :	—
Réglisse.	Régl :	—
Résine de gayac.	Rés : gay :	—
— de jalap.	Rés : jal :	—
Rhubarbe.	Rhub ;	—
Riz.	Riz :	—
Romarin.	Rom :	—
Ronce.	Ronce.	—
Rose rouge.	Ros : r :	—
Rue.	Rue.	—
Sabine.	Sabine.	—
Safran.	Saf :	—
Salsepareille.	Salsep :	—
Sang-Dragon.	S : drag :	—
Sangsues.	Sangs :	—
Saponaire.	Sap :	—
Sassafras.	Sass :	—
Sauge.	Saug :	—
Savon blanc.	Sav : bl :	—
— médicinal.	Sav : méd :	—
Scabieuse.	Scab :	—
Scammonée.	Scamm :	—

NOMS DES MÉDICAMENTS.	ABRÉVIATIONS.	PAGES.
Scille.	Scil :	—
Scolopendre.	Scol :	—
Scordium.	Scord :	—
Sel ammoniac.	S : amm :	—
— d'Epsom.	S : Eps :	—
— de Glauber.	S : Glaub :	—
— de nitre.	S : nit :	—
— de Sedlitz.	S : Sedl :	—
Sel végétal.	S : vég :	—
Semen contra.	Sem : cont :	—
Séné.	Séné.	—
Serpentaire de Virginie.	Serp : V :	—
Sinapisme.	Sinap :	55
Serum.	Serum.	27
Sirops.	Sp ·	43
— d'acide citrique.	Sp : ac : cit :	44
— — tartrique.	Sp ; ac : tart :	—
— alcalin.	Sp : alc :	43
— antiscorbutique.	Sp : antisc :	—
— de baume de tolu.	Sp : b : tol :	—
— de belladone.	Sp : bell :	43
— de biiodure de mercure.	Sp : biiod : m :	44
— de chicorée composé.	Sp : chic : c :	—
— des cinq racines.	Sp : cinq rac :	—
— de Cuisinier.	Sp : Cuis :	—
— diacode.	Sp · diac :	44

NOMS DES MÉDICAMENTS.	ABRÉVIATIONS.	PAGES.
Sirop d'extrait d'opium.	Sp : ext : op :	45
— iodoferré.	Sp : iod : fer :	45
— iodotannique.	Sp : iod : tan :	45
— d'iodure d'amidon.	Sp : iod : am .	46
— de gomme.	Sp : gom :	—
— de morphine.	Sp : morph :	46
— d'opium.	Sp : opium :	45
— de phellandrie.	Sp : phell :	46
— de quinquina.	Sp : q.q :	47
— de salsepareille composé.	Sp : salsep : c :	—
— sudorifique.	Sp : sudor :	—
Solutions.	Sol :	61
— d'acide chromique.	Sol : ac : chrom :	—
— d'acide phénique (alcool).	Sol : ac : phén : alc :	66
— — (aqueuse).	Sol : ac : phén : aq :	66
— d'arséniate de soude (Pearson).	Sol : arsén : soude.	66
— d'arsénite de potasse (Fowler).	Sol : arsén : pot :	66
— de deuto chl. de mer. (Vansw).	Sol : deuto ch : m :	67
— iodurée pour boisson.	Sol : iod : pour bois :	67
— — caustique.	Sol : iod : caust :	67
— — rubéfiante.	Sol : iod : rub :	67
— mydriatique (forte).	Sol : mydriat :	68
— valérianique.	Sol : valér :	68
— alcaline de Vichy.	Sol : alc : Vichy.	68
Soufre.	Souf :	—
— lavé.	Souf : lav :	—

NOMS DES MÉDICAMENTS.	ABRÉVIATIONS.	PAGES.
Sparadrap gommé.	Spar: gom:	—
— vésicant.	Spar: vésic:	—
Squine.	Sq :	—
Staphisaigre.	Staph :	—
Stramoine.	Stram :	—
Strychnine.	Strychnine.	—
Sublimé corrosif.	Subl: corr:	—
Suc d'herbes ordinaire.	Suc herb:	15
— antiscorbutique.	Suc antisc:	15
Sulfate d'alumine	Sulf: al:	—
— — et de potasse.	Sulf: al: pot:	—
— d'atropine.	Sulf : atropine.	—
— de cuivre.	Sulf: cuiv:	—
— de fer.	Sulf: fer.	—
Sulfate de magnésie.	Sulf: magn :	—
— de mercure.	Sulf : merc:	—
— de morphine.	Sulf : morphine.	—
— de potasse.	Sulf: pot:	—
— de quinine.	Sulf : quini:	—
— de soude.	Sulf: soud:	—
— de strychnine.	Sulf: trychnine.	—
— de zinc.	Sulf: zinc.	—
Sulfhydrate de soude cristallisé.	Sulfhy: soud : c:	—
Sulfure d'antimoine.	Sulfure antim:	—
— de chaux.	Sulfure chaux.	—
— de mercure rouge.	Sulfure merc: r:	—

NOMS DES MÉDICAMENTS.	ABRÉVIATIONS.	PAGES.
Sulfure de soude sec.	Sulfure soud: s:	—
— — liquide.	Sulfure soude liq:	—
Sureau.	Sur :	—
Tabac.	Tabac.	—
Tablettes de calomel.	Tab: calom:	—
— d'ipécacuanha.	Tab. ipéc:	—
— de soufre.	Tab: souf:	—
— de tolu.	Tab: tol:	—
— de Vichy.	Tab : Vichy:	—
Tamarin.	Tam :	—
Tan.	Tan :	—
Tannin.	Tannin.	—
Tartrate borico-potassique.	Tart: bor: pot:	—
— ferrico-potassique.	Tart : fer : pot:	—
— de potasse acide.	Tart : pot : ac:	—
— — neutre.	Tart : pot :	—
— — et d'antimoine.	Tart : pot : antim :	—
— — et de soude.	Tart : pot : soud:	—
Tartre stibié.	Tart : stib :	—
Teinture antiscorbutique.	Teint: antisc:	—
— d'arnica.	Teint: arn :	—
— de cannelle.	Teint : cann :	—
— de digitale.	Teint: digit :	—
— d'extrait d'opium.	Teint : ext : op :	—
— d'iode.	Teint: iode.	—
— de jalap composée.	Teint: jal : c:	—

NOMS DES MÉDICAMENTS.	ABRÉVIATIONS.	PAGES.
Teinture de scille.	Teint : scil :	—
— éthérée de digitale.	Teint : éth : digit :	—
Térébenthine.	Téréb :	—
Térébenthine cuite.	Téréb : cuit :	—
Thé.	Thé.	—
Tilleul.	Till :	—
Tisanes.	Tis :	15
— d'absinthe.	Abs :	21
— amère.	Amère.	16
— d'anis.	Anis.	17
— d'anis étoilé.	Anis ét :	17
— antiscorbutique.	Antisc :	28
— apéritive.	Apér :	16
— d'armoise.	Arm :	17
— d'arnica.	Arn :	16
— d'asperges.	Asp :	23
— d'aunée.	Aun :	23
— de baies de genièvre.	B : geniè :	17
— béchique.	Béch :	16
— de bardane.	Bard.	23
— de bouillon blanc.	B : blanc.	21
— de bourgeons de sapin.	B : sapin.	23
— de bourrache.	Bour :	16
— de cachou.	Cach :	17
— de café.	Café.	17
— de café au quinquina.	Caf : q.q :	17

NOMS DES MÉDICAMENTS	ABRÉVIATIONS.	PAGES.
Tisane de camomille.	Cam :	21
— de canne.	Can :	18
— de capillaire.	Capil :	21
— de carragaheen.	Carrag:	18
— de casse.	Casse.	18
— de centaurée.	Cent :	17
— de chardon bénit.	Ch : bénit.	17
— de chicorée (feuilles).	Chic :	17
— — (racine).	R : chic :	23
— de chiendent.	Chi :	18
— commune.	Com :	23
— de coquelicot.	Coq :	21
— de corne de cerf.	C : cerf.	18
— de douce amère.	D : am :	23
— d'écorces d'oranges am.	Ec : or :	17
— de fécule.	Féc :	19
— de Feltz.	Feltz.	19
— de feuilles d'oranger.	F : or :	21
— de fougère mâle.	Foug : m :	23
— de fraisier.	Frais :	23
— de fruits pectoraux.	F : pect :	22
— de fumeterre.	Fumet :	17
— de gayac.	Gay :	19
— de gentiane.	Gent :	20
— de gomme.	Gom :	20
— de graine de lin.	Lin.	17

NOMS DES MÉDICAMENTS.	ABRÉVIATIONS.	PAGES.
Tisane de grande consoude.	G : cons :	23
— de gruau.	Gru.	22
— de guimauve (fleurs).	F : guim :	21
— — (racine).	Guim :	22
— de houblon.	Houb :	17
— d'hysope.	Hys :	21
— de lichen d'Islande.	Lich :	20
— de lierre terrestre.	L : terr :	17
— de mauve.	Mauv :	21
— de mélisse.	Mél :	21
— de menthe.	Menth :	21
— de miel.	Miel.	20
— de mousse de Corse.	M : Corse :	21
— de mousse perlée.	M : perlée.	18
— d'orge.	Orge.	21
— de pariétaire.	Pari :	17
— de patience.	Pati :	23
— pectorale.	Pect :	16
— de pensée sauvage.	Pens : s :	17
— de phellandrie.	Phell :	17
— de pied de chat.	Pied chat.	21
— de polygala.	Polyg :	22
— de pruneaux.	Prun :	22
— de quassia amara.	Quass : am :	20
— de queues de cerise.	Q : cerise.	22
— de quinquina gris.	Q.q : g :	22

NOMS DES MÉDICAMENTS.	ABRÉVIATIONS.	PAGES.
Tisane de quinquina jaune.	Q.q : j :	23
— de ratanhia.	Rat :	23
— de réglisse.	Régl :	23
— de rhubarbe.	Rhub :	20
— de riz.	Riz.	22
— de rose rouge.	Ros : r:	17
— de safran.	Saf :	16
— de salsepareille.	Salsep :	23
— de saponaire (feuille).	Sap :	17
— — (racine).	R : sap :	23
— de sassafras.	Sass :	22
— de sauge.	Saug :	21
— de scabieuse.	Scab :	17
— de serpentaire.	Serp :	23
— de simarouba.	Sim :	20
— sudorifique.	Sud :	29
— — laxative.	Sud : lax :	24
— de sureau.	Sur :	21
— de tamarin.	Tam :	24
— de thé.	Thé.	21
— de tilleul.	Till :	21
— de tussilage.	Tuss :	21
— d'uva ursi.	Uva u :	24
— de valériane.	Val :	22
— de violette.	Viol :	21
Tussilage.	Tuss :	—

NOMS DES MÉDICAMENTS.	ABRÉVIATIONS.	PAGES.
Uva ursi.	Uva u :	—
Valérianate d'ammoniaque.	Valér : amm :	68
Valériane.	Val :	—
Véronique.	Vér :	—
Vins médicinaux.	V :	39
— antiscorbutique.	V : antisc :	—
— aromatique	V : arom :	—
— d'aunée.	V : aun :	39
— cordial.	V : cord :	39
— diurétique de la Charité.	V : diur : Char :	39
— — de l'Hôtel-Dieu.	V : diur : H : D :	40
— de gentiane.	V : gent :	—
— de quinquina.	V q.q :	40
— de roses rouges.	V : ros : r :	40
— de Trousseau.	V : Trousseau :	40
Vinaigres médicinaux.	Vinaig :	41
— antiseptique.	Vinaig : antis :	—
— aromatique.	Vinaig : arom :	41
— camphré.	Vinaig : cam :	—
— phéniqué.	Vinaig : phén :	41
Violette.	Viol :	—

TABLE GÉNÉRALE

Pages.

AVERTISSEMENT 5

PRÉFACE DE L'ÉDITION DE 1886 7

FORMULAIRE 13

DISPOSITIONS RÉGLEMENTAIRES concernant le service pharmaceutique 87

1re PARTIE. — Fonctions et devoirs des pharmaciens et des élèves... 87

2e PARTIE. — Délivrance de médicaments aux employés et serviteurs.. 93

De la préparation et de la distribution des médicaments.......... 94

Circulaire du Directeur de l'Administration à MM. les pharmaciens. 96

Extrait d'une circulaire à MM. les Directeurs.................. 98

Des bons exceptionnels.. 99

Instructions relatives aux médicaments qui se délivrent au poids... 99

Fixation des allocations de sirops édulcorants et de miel.......... 100

Fixation des substances et médicaments que les élèves de garde peuvent prescrire dans l'intervalle des visites.................. 101

3e PARTIE. — Instruction sur la comptabilité des pharmacies......... 105

Liste des substances qui doivent figurer dans la comptabilité détaillée des pharmaciens des hôpitaux........................ 112

Table et liste des matières inscrites au Formulaire............... 119

Paris.-Imp. PAUL DUPONT, 45, rue de Grenelle-Saint-Honoré

11

www.ingramcontent.com/pod-product-compliance
Ingram Content Group UK Ltd.
Pitfield, Milton Keynes, MK11 3LW, UK
UKHW020336230726
13925UKWH00002B/815